解构主义
在服装设计中的应用

陈姝霖 / 著

JIEGOU ZHUYI ZAI FUZHUANG SHEJI ZHONG DE YINGYONG

中国纺织出版社

内容提要

本书介绍了解构主义服装的概况与发展历程、解构主义在服装设计中的应用以及解构主义服装的风格及构成方法，最后还详细介绍了中西方一些著名的解构主义服装设计师。重点从解构主义基本概念着手，系统分析了解构主义对服装外轮廓设计、细节设计、色彩设计、材料设计等的影响，同时对解构方法进行总结和归纳。

本书适合服装设计及相关专业的从业人员阅读。

图书在版编目（CIP）数据

解构主义在服装设计中的应用 / 陈姝霖著. --北京：中国纺织出版社，2018.9

ISBN 978-7-5180-5233-2

Ⅰ.①解… Ⅱ.①陈… Ⅲ.①解构主义—应用—服装设计—研究 Ⅳ.①TS941.2

中国版本图书馆CIP数据核字（2018）第164385号

策划编辑：孔会云　　责任编辑：李泽华　　责任校对：楼旭红
责任印制：何　建

中国纺织出版社出版发行
地址：北京市朝阳区百子湾东里A407号楼　邮政编码：100124
销售电话：010—67004422　传真：010—87155801
http://www.c-textilep.com
E-mail: faxing@c-textilep.com
中国纺织出版社天猫旗舰店
官方微博http://weibo.com/2119887771
北京玺诚印务有限公司印刷　各地新华书店经销
2018年9月第1版第1次印刷
开本：710×1000　1/16　印张：8.75
字数：152千字　定价：68.00元

凡购本书，如有缺页、倒页、脱页，由本社图书营销中心调换

前　言

在后现代背景下产生的跨越各种设计领域的新思想和新意识迅速崛起，多元化、个性化和创新性被运用到各个领域，对服装设计也有深刻的影响。如今的服装已不是简单包裹身体的布片了，更多地承载了人们的审美和个性，蕴涵着当代人类的文化精神，它作为时代发展的一面镜子，时刻反映出社会生活的方方面面。

解构主义思想结合了多种流派，风格上杂乱无章，形式上多种多样。很多学者认为解构主义包含在后现代艺术当中，所以解构主义又是对传统思想的反叛，同时它对现代主义既继承又背离。现代艺术是工业文明的时代产物，而解构艺术则是信息时代的产物，是对现代化进程的主体性、统一性、整体性、中心性、单一性的批判与解构。

解构主义对服装设计的影响极其深远，打破了传统观念和审美标准，将不同年代、不同地域和不同风格混搭在一起，形成一种崭新的思维方式和独特的设计风格，对服装设计元素的融合设计有推动作用。经济的快速发展激发了年轻消费者的多元化需求，而如何满足这种多元化的需求成为当今服装设计师需要深入思考的问题。特别是在这个彰显个性的时代，传统的服装形态已经不能满足消费者的个性需求，因此有必要将解构主义与服装设计相结合，将解构主义的基本原理应用到服装设计实践之中，进一步验证解构主义对于服装设计的创新价值和市场潜能。

本书以解构主义哲学和美学理论为基础，通过探讨解构主义在服装和其他领域的应用，总结出解构主义在服装设计中的运用方法和规律，具有重要的理论和实践价值。其中，提出的一些对于解构主义在服装设计中的应用方法和技巧契合当今服装设计发展的现状和社会发展的需求，体现出本书的科学性和时代性。希望本书能够为服装设计从业人员在探索解构主义在服装设计中的应用中略尽微薄之力。

本书在撰写过程中，对前人有关解构主义与服装设计的资料进行了借鉴与吸收，在此对其作者表示诚挚的谢意。由于时间仓促，作者水平有限，书中难免会存在不妥之处，敬请广大读者批评指正。

陈姝霖

2018年3月

目 录

第一章 解构主义服装的概况与发展历程 / 1

第一节 解构主义的概况 / 2
一、哲学思想的由来 / 2
二、解构主义哲学思想 / 2
三、解构主义的含义 / 3
四、从结构主义到解构主义 / 3
五、德里达对解构主义的破解 / 5

第二节 解构主义服装的发展历程 / 8
一、解构主义服装的起源 / 8
二、解构主义服装的发展 / 8

第三节 解构主义在其他设计领域的应用 / 16
一、对景观建筑设计的解构 / 16
二、对文字的解构 / 21

第二章 解构主义在服装设计中的运用 / 23

第一节 对传统思想上的服装解构 / 24
一、对唯一的解构 / 25
二、内与外的颠倒 / 25
三、对距离的解构 / 27
四、平面与立体的解构 / 27

第二节 对服装结构的解构 / 28
一、服装外部轮廓的解构 / 29
二、服装内部结构的解构 / 30

第三节 对色彩的解构 / 38
一、色彩仿生设计 / 38
二、仿生迷彩服 / 39

第四节 对传统材料的解构 / 41
一、材料解构的特点 / 41
二、面料再造的方法 / 44

第五节 对服装功能的解构 / 47

第六节 对图案的解构 / 50
一、直线解构法 / 51
二、斜线解构法 / 51
三、曲线解构法 / 51
四、元素简化法 / 51
五、旧元素重组法 / 52

第三章 | 解构主义服装的风格及构成方法 / 53

第一节　风格 / 54

　　一、折衷 / 54

　　二、融合 / 57

　　三、反讽与戏拟 / 60

　　四、风格的泛化 / 65

第二节　解构主义服装设计的方法 / 67

　　一、夸张法 / 67

　　二、拼贴法 / 75

　　三、重复法 / 77

　　四、拆卸组合法 / 79

　　五、转换法 / 79

　　六、交互法 / 81

　　七、附着法 / 82

第四章 | 解构主义服装设计师 / 83

第一节　东方服装解构大师 / 84

　　一、三宅一生 / 85

　　二、川久保玲 / 88

　　三、山本耀司 / 91

　　四、渡边淳弥 / 95

　　五、马可 / 96

第二节　西方解构服装设计大师 / 98

　　一、让·保罗·戈尔捷 / 98

二、侯赛因·卡拉扬 / 101

三、马尔丹·马尔吉拉 / 108

四、亚历山大·麦昆 / 111

五、维维安·韦斯特伍德 / 118

第三节　东西方服装设计师解构手法的差异分析与展望 / 124

一、东西方服装设计师解构手法的差异 / 124

二、对未来的展望 / 125

参考文献 / 127

第一章

解构主义服装的概况与发展历程

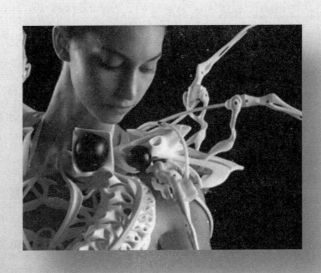

第一节　解构主义的概况

一、哲学思想的由来

人类有着对一切事物的认知判断能力，并根据判断的基本原理不断提出假设并检验假设。人类不断建立"真理"，经过验证后再推翻"真理"，在这个不断验证和推翻的过程便产生了很多哲学思想。解构主义出自西方哲学，和结构主义相对，这种思想在建筑学上产生了很深远的影响，把原有建筑框架破坏后再组合，再不断地在验证中重新定位。

二、解构主义哲学思想

第二次世界大战后，战败国法国的一些哲学家、思想家对传统思想的固有模式发起不断的挑战，反对西方形而上的传统思想，进而产生出一种新的理论思潮——解构主义思潮[1]。在人们不断发现自身内心世界的想法，不想再局限在一个教条、刻板的世界里，想从根本上改变已有的生活方式。所以，解构主义其实是对传统思想固有模式本身的反对，偏向于对整体、秩序的颠覆和打破，可能是打破社会秩序、打破婚姻秩序或者是打破个人意识秩序等。

解构主义理论有着深刻的思想、文化、和历史渊源，其理论的形成除了受到黑格尔、马克思的影响外，主要还接受了来自弗洛伊德、尼采、索绪尔和海德格尔的思想[2]。解构主义不仅广泛影响历史学、语言学和社会学范畴，还涉及艺术、文学、设计和实际个体本身。通俗地说，解构就是反对传统结构或分解固有结构，消解结构的中心和本源，而结构的本质即传统文化，所以解构主义是反传统的，反结构主义的，强调的是创新。解构中心是对整个欧洲逻辑中心的解构，并奠定了一定的基础，这个思想是由亚里士多德开辟的，他提出将灵魂和物质分开，对单一元素进行碰撞、交叉、重组的内部逻辑和整体思辨的过程。思辨的过程是一种状态，一个过程中的各个阶段，或者可以说是过程哲学，存在主义恰恰强调的是过程。如果把整体分解掉，可以把整体看成是一个中心，一个基本点，如果一个事物或者一种思想有多种变化的时候，原有的中心就被消解掉，那么固有的思想模式就会受到质疑，可以说是分解了传统意义上的思维方式。对于服装设计而言，在结构分解的同时也可以运用服装的三要素进行分解，比如款式、色彩和面料，通过解构重组的形式，对这三要素重新建立另外一种审美的标准和创新模式[3]。

三、解构主义的含义

"解构"从字面的意义理解，"解"字意为"解开、分开、拆卸"；"构"字则为"建构、重构"之意。两字合在一起引申为"分开拆卸后再重新构成"之意[4]。解构高度评价隐含的无意识领域，但它通过把所有指涉分配给结构中心，或分配给任何一种结构化原则的统一，使得多元化和散播成为可能[5]。解构设计方法是指运用解开重构的思维模式来创造物体创新形象的方法，根据这种方法应用于设计实践中。"解构主义"是在90年代初被引入到服装设计领域中的，解构主义的服装设计师反对现代主义设计的单一性、有序性，希望能设计出各部件的不确定性和独特个性。

四、从结构主义到解构主义

解构主义是相对结构主义而言的。结构主义（STRUCTURALISM）又称为"构成主义"，是1913～1917年在俄国形成的一种艺术流派。它是对世界采取结构关系式的、系统式的研究，结构主义强调的是事物各部分的搭配、混合、排列和组合的关系[6]。结构主义兴起于20世纪60～70年代，西方社会科学界掀起了结构主义思潮，各种文化领域都受到影响，包括语言学、文学、心理学、历史学、艺术学等。所谓"结构主义"，其实是语言学上的理论。语言学把一个个单词看成是一个个符号，这些符号必须以某种方式连接起来才能完成某种意义的传达。这种把单个符号组织起来的形式被称作语法，也叫结构[7]。最初提出结构主义思想体系的是瑞士语言学家索绪尔，其目的是"重新进行全方位定位语言学的研究对象"。结构主义理论的代表性人物有列维·斯特劳斯、索绪尔等。列维·斯特劳斯是法国著名的人类学家，结构主义人类学家的创始人，受语言学研究的影响，他认为人类语言有着某种共同结构，比如A、E、I、O、U作为元音，引申到对人类本性的研究，并提出结构主义的方法，强调从文化现象背后的深层思维结构来解释对人类文化起重要作用的"二元对立"

之说，把一切事物和现象都看成是某种关系，及其背后的社会结构关系网络，一切行为只有在结构规范的前提下所构成的系统内才会有意义。并将这种方法运用在亲属关系结构、神话逻辑结构以及原始民族的思维特征结构等方面的研究，提出了很多有价值的理论观点；他所运用的结构主义的方法最初是由瑞士语言学索绪尔于20世纪初在语言学研究中提出来的，索绪尔将语言看作一个符号系统，提出符号本身不产生"意义"，"意义"产生于符号的各种组合关系中，语言学就是研究符号组合规律的学科。索绪尔把语言视为由"词"构成的"系统"或"结构"，认为"意义"和"声音"之间的关系是语言的特点，把这种纯粹的关系结构作为语言学研究的对象，这也是结构主义语言学的主要理论原则；斯特劳斯认为，社会由各种文化关系构成，而文化关系则表现为各种文化活动，即人类从事的物质与精神活动。尽管各种文化活动形式各异，一个基本的因素贯穿于这些活动中，这个因素就是符号，不同的思维模式或心态是这些符号的不同的排列与组合；这些学者对结构主义理论概念研究的中心和侧重点各不相同，对于结构主义的研究，既有各自的共同之处，也有自己的特殊性和多样性，都认为结构是一个由不断转变创新组成的体系。结构主义的思想渗透到不同的文化领域，并产生了极大的影响。结构主义可以追逐到马克思主义、立体主义、浪漫主义、存在主义、形式主义等。

服装结构设计是根据结构和装饰功能来研究服装各个部位之间的关系，从而归纳和总结出结构设计的规律和方法。结构主义到后结构主义经历了漫长的过程，并在不断升级和蜕变的过程中，由兴起、发展、高峰到衰退的周期，所以它不可能永远处于主导地位。在这个流行周期中，人们审美观念的改变对其产生的影响是相当大的。当这种审美出现疲惫后，人们会渴望新的思想替代它，不管结构主义思想过去模式有多么新颖和超前，但随着社会的不断发展和进步，总会有另一种最新的思想——解构主义在这个时候应运而生，成为一种新生力量和强有力的发展趋势。

解构主义（DECONSTRUCTION）也可以称为后结构主义，是由结构主义发展而来的现代哲学流派，这个流派认为结构没有中心，并具有不确定性，是由一系列的差异性组成。由于部件之间差异的变化，结构也就发生变化，因而结构具有不稳定性和开放性。20世纪60年代中期的结构主义完全超越了盛行一时的存在主义，但随即遭到自身思想的不断挑战——后结构主义，后结构主义的提倡者对结构主义提倡者产生不断的质疑，提出一切事物的现象的单一性是不存在的，所以结构的稳定性也受到质疑，后结构主义对于解构主义的产生有很深的现实价值和历史意义。后结构主义反对本本主义，对形而上学的传统思想进行批判，反对传统结构主义，并把研究的重点放在逻辑性和非逻辑性的关系上。事物或者对事物的认知总是由各个部分构成，这些部分或者元素相互影响和作用从而形成一个整体的结构关系，事物或认知的性质决定人们的思维模式，不是事物本身具有现实性的意义，而是各部件之间相互关系的作用。结构意识的存在很重要，只有结构意识形态清晰，思路才能清晰，才能很快把各元素之间的关系组织起来。比如穿针引线，只有当项链的各个珠子串联起来，项链的价值才能体现出来。建筑与服装很相似，身体对于服装和建筑的关系是一致的，无论是建筑还是服装都是对人体的一种状态的围合，这种围合可以是近距离的也可以是远距离的，近距离的围合关系与人体较接近，远距离的围合关系跟人体关系较远，解构主义是人们拆分和重组的结果，不仅是人们对服装审美和内涵的重新思考和诠释，还为人们带来全新的服装样态和视觉感受。

五、德里达对解构主义的破解

贾奎斯·德里达是著名的法国哲学家、符号学家、文艺理论家和美学家，解构主义思潮的创始人。1966年德里达提出新的观点——解构主义[8]，并作为一种新的哲学流派一直发展到今天。德里达的视角却是反对"语音中心主义"或"逻各斯中心主义"的解构主义[9]。想要真正的理解德里达的解构主义，必须要了解它产生的时代背景。社会意识决定着社会以什么样的意识形态存在，德里达认为解构不是方法、技巧、批评，而是策略。这种策略旨在驱除概念的二元对立、破除思维的等级体系、重新梳理文本秩序，是一个意义重组和价值生成过程[10]。当设定在后现代的语境下，德里达认为卢卡奇和葛兰西并没有真正地理解马克思主义，中心性和主体性要求马克思主义成为前后话语统一的正统思想。德里达想彻底地颠覆西方传统的形而上学哲学思想的信念，对语言和翻译研究中的终极真理观和二元对立方法论进行了深度解构，从而撼动了逻各斯主义的霸道地位，衍生出了后现代思潮中影响深广的解构主义理论[11]。

后现代主义提倡一种反讽、折衷，破碎替代整体，异质替代唯一的过程。德里达的一些解构主义思想是后现代的典范，同时在20世纪中后期起引起巨大的争议，成为文学流派中饱受争议的人物之一，也成为后现代思想最重要的理论奠基者。在结构主义时代背景下，德里达被边缘化，这使得他对社会不公、压迫、强权都非常敏感，这样"脱节的时代"，他不断地反思并结合自身的矛盾因素，从边缘处展开后现代语境下的解构活动，批判形而上学主义和理性主义，解构国家、制度和组织，这一切都旨在指向一个正义的未来[12]。其实，解构主义的诞生是历史发展的必然趋势，是一个必经的历史阶段，在不断挑战传统哲学的基础上，用解构主义理论的方法和途径颠覆了结构主义思想，无论是对自身的定义还是语言符号背后的意义来说，都是一次不小的打击。

德里达的"解构主义"反对单一、乏味的社会现象，认为一切都是不确定的，其思想既保守又激进，非常重视文本的内在性，认为内在性体现了传统文学的基本观念；他提出文学背后的内涵其实是"无"的本源，所有的事物和现象后面的本质都是"无"。"无"可以是无限延异，文本只有通过无限延异才能够达到思想的"无"。德里达追求空间性和历时性，而德里达这种"不顾一切地解构"，使解构主义引上另一极端——"虚无主义和怀疑主义"。他提出的解构主义的三个基本观点：

第一，时间是能动的，提出时间可以导致作品、艺术家和观者之间的感受变化，观者在通常情况下，欣赏作品的同时也会将自己带进艺术家所要表达的艺术意境中，并参与到整个系统中，所以"参与"成为一种新的符号，在服装设计中，消费者可以参与到服装设计中来，成为主体者，是对传统意义的颠覆和打破，将三者的关系不断变化的同时，作品则不断重组。

第二，"意义"经常受到经验和规范的制约，"意义"往往依靠符号，只有符合主观经验才能被"意义"赋予，这是不延续和被动的关系[13]。德里达所强调主观心智的"无"，也就是无限性，意义的赋予过程其实是一个"无"组合过程。

第三，生命的有限性无法获得"无"，虽然人们可以充分感觉到"现在"是完整的"存有"，但是"意义"才是有限的价值。一个主体，一个中心，一个单元，按照解构主义的主要思想，将变成多个中心和主体，不是单一性的，不是纯粹的,它具有混合性的特点。德里达的"解构"是相对"结构"而言的,是在批判结构主义的"结构"基础之上产生的,并且与结构主义是针锋相对的。列维·斯特劳斯便成为德里达批判的中心焦点,列维·斯特劳斯强调结构的稳定性和绝对性,而忽视了结构的自我更新和自我生产,结构本身生命力自我展现的可能性,结构主义窒息了结构的"游戏性"[14]。

德里达认为结构主义所倡导的结构理论框架是沉溺在固定的文本模式中,只是一种由符号替代单元项的"游戏"而已,其中心话语只不过是为自己设定的机构框架自圆其说罢了。德里达反对以逻辑为中心的话语,提倡反逻辑,在静态的空间上不设定分隔,而是在时间的动态延展中不断追求意义的不确定性。既没有中心也没有本源,追求一切事物的不确定性和无限的可能性。德里达认为斯特劳斯对传统结构理论的批判仍然存在着二元对立的思想,试图在边缘和中心的二元对立中建立起结构关系体系。而在德里达眼里,这无非是人为设置中心的本质。德里达提出,历史性是具有空间维度和时间维度的,它是作为一种符号的隐喻和换喻的变化过程,任何一段历史都是具有差异性的"踪迹",这个"踪迹"打破了形而上的思想。他想表达的是,历史是一种临时性的过渡,而斯特劳斯的结构主义恰恰磨灭了这种过渡,而陷入对形而上的孤立中。

解构主义对服装设计领域的影响不断扩大,解构主义动摇了人们长久以来所持有的根深蒂固的传统思维方式和观念,在设计领域中不断地求新求变,不断地推进"意义"的不确定性和多变性,与此同时将传统的结构思想渐渐摧毁,展现出崭新的思维模式,试图在不断的创新中完成多元化的变迁[15]。简而言之,对于西方传统文化来说,德里达的解构主义是对其进行消解、质疑和批判,而针对现代服装设计中的解构,实际上是对于传统的审美标准和服装设计的基本理念的解构,将稳定的结构与确定形式进行分解、重组和再造,形成全新的服装样态。

创新是服装设计的灵魂,无论是从色彩、面料、款式、造型上都是一个主要的设计要素,也可以这样来解释:服装的意义不仅是存在的意义,也可以是不断延展的过程,从"有"到"无"的过程,服装的"无"体现在服装的不确定性和多样性上,通过服装结构与解构之间的拆分和重组产生的一个全新的意义。服装的意义不再是一个局限在静态空间上（服装色彩、造型、细节等方面）恒定不变的意义，而是具有无限的可变性和重塑性，不再只有一个中心和本源，而是将一种界定转换成另外一种界定的过程，重点强调在辩证的过程中的享受。

第二节 解构主义服装的发展历程

一、解构主义服装的起源

15世纪，瑞士军队在与勃艮第大公的一次战役中取得胜利，这位大公的军营中有很多精美的服饰，士兵们激动万分，随手将他们缴获来的服装撕成一块块的碎布，然后将这些五颜六色的碎布填充到他们身上破烂不堪的战袍上，当这些士兵穿着这样的战袍返乡时，瑞士人感到新奇不已，纷纷效仿，人们故意将自己身上的服装剪出一条条的裂缝，然后把色彩缤纷的碎布塞进去，这种穿着方式在当时非常流行，并因此而取名为"切口装"，这种切口装迅速传播到欧洲各国，贵族纷纷在衣裤上切口，在配件上切口，瞬间这种切口设计广泛流传。"切口装"的设计手法打破了传统理念，虽然当时没有对这种设计手法给出明确的定义，但以破为美的"切口装"风靡了很长一段时间，一直到今天，这种切口设计也一直存在，可以说15世纪就已经出现了解构主义服装的设计雏形。

德里达指出，解构主义并不想取代也取代不了结构主义或者形而上学的传统思想，但它反对权威、反对理性崇拜、反对二元对立非黑即白，应该以多元开放的心态去接受和容纳，后人应该用新的眼光和角度去解读。

二、解构主义服装的发展

（一）20世纪60年代

20世纪60年代，既是动荡的年代又是科技取得突破的年代，特别是在计算机工程、电子信息、遗传工程、航天技术等领域取得了重大突破。如1968年人类第一次登上月球，晶体管被集成电路所取代。60年代的青年人对生活质量的要求越来越高，越来越具有挑战性。这时期的美国，经济快速增长，同时爆发了越南战争。欧洲一方面生产力快速发展，消费品种不断扩大，而另一方面伴随着游行和暴力事件的高发。这个时期的科技进步和经济的发展,导致服装开始了大批量生产,同时年轻人开始不断地挑战传统。人们不再需要传统的合体精致的时装,而是更倾向于宽松的样式,兼容多种地域文化以及样式,1963年出现了代表60年代的服装,它们是由法国设计师设计的,首次出现集多元化、多功能于一体、不分场合的服装,既适合参加宴会和喝下午茶时穿着,也可以办公穿着,这样更加符合当时消费者的心理和需求。60年代初期,法国流行的"度假装",被称为"圣·特洛佩兹",一直影响到整个欧洲。1964年,摇滚乐风靡全球,特别受到年轻人的喜爱,他们纷纷模仿当时炙手可热的一个名为"披头士"乐队的穿着打扮,西方的青年开始流行"中性装扮",服装没有明显的性别特征。到了60年代中期,"迷你裙"风靡一时,是英国设计师玛丽·匡特发明的,她是带有反传统、反流行,带有现代人精神面貌的设计师,同时她的作品也将其思想表现得淋漓尽致,将当时流行的26英寸的长裙剪短至18英寸,是对传统着装不小的颠覆,同时形成轰动一时的"迷你风貌"。60年代后期,"嬉皮士"运动对服装产生了巨大的影响,有些"嬉皮士"认为它是源自"hip"(人的髋部)一词,hip通常用来形容走在时尚前沿和最有魄力的人,是50年代"垮掉派"的一个分支,如图1-1所示。20世纪60年代后期全世界年轻人将这种另类的、反传统、反主流的趋势推向了高潮。嬉皮式作为解构的一种形态,它打破传统、模糊性别、不论男女一律长发披肩、悬挂各种珠串项链,嬉皮士服装风格成为一个时代的产物。

(二)20世纪70年代

20世纪70年代,美国虽然摆脱了越南战争,但西方资本主义国家暴发了

图1-1 嬉皮士青年

能源危机，无论对政治、经济还是服装都产生了很大的影响[16]。这个时期服装的功能性被放到首位，由迷你裙过渡到中长裙再到"热裤""肚脐装"的流行，也反映出能源危机给服装带来的影响。在这个时期，由于女权运动，中性服装成为女性着装的主线，女性服装呈现男性化趋势，全世界的女装除了尺寸与男装有差异以外，结构款式跟男装一样，中性服装主要反映在军装上，中国当时也是中性服装盛行的时期，除此之外，牛仔装作为中性服装的典型也在欧洲开始流行。70年代嬉皮士服装势头减弱，但这种反传统的意识继续延续，通过另一种服装风格——"朋克"表现出来，这是被西方较下层的年轻人所推崇的，虽然都是反对传统思维，但两者有很大差异，嬉皮有自己的团队，有明确的目标和政治觉悟，崇尚爱和和平。而朋克没有明确的团队意识，强调个体形态，行为散漫，着装怪诞，紧身裤、长靴、中性的发型、刺眼的图案和纹身都是朋克的特点。朋克风格对服装设计的影响十分重大，一直影响至今。

（三）20世纪80~90年代

80~90年代是经济、科技高速发展的年代，全球信息化使人们的生活和工作状态发生了变化，人们在短时间内就可以获取大量的信息，相距很远的人们也可以在瞬间取得联系，无论是工作还是生活都变得高效起来，现代化的服装机械大批量生产，可以说是一场数字化的革命，不仅有量的增长，同时可以高标准地模仿手工制品，满足了人们对个性的追求和消费能力的要求。服装设计上开始拼凑不同文化不同民族的元素，特别是东方元素受到西方设计师的青睐。

这个时代也是人们开始对工业时代进行反思的时期，人们渴望返璞归真，回归自然和原始，亚洲感的独特设计打破了西方一统的服装舞台。1981年，山本耀司与川久保玲一同参加了巴黎时装周，他们推出的"破烂装"引起巴黎时装界的轰动，他们将服装外面故意留出粗糙的线脚，毛衣上有大大小小的破洞和毛边，打破了传统的服装基本结构，袖子、领子、衣身不按照正常的人体特征设计。对于当时的年代来说，这些设计特点很难受大众追捧，但这种对传统呆板的反叛、奇特的构思、对结构的独特解构都深深地影响着一代又一代的服装设计师，当下的服装设计很多的灵感元素都是来自于三宅一生、川久保龄和山本耀司的设计，比如中国的例外和江南布衣等品牌都受到他们不小的影响，用解构的设计手法来表现对现实的反叛，强调自身个性和独特的存在感，给服装一个崭新的面貌，同时随着时间的流逝，越来越多的消费者倾向于这种设计，由原来的非主流变成了主流设计，渐渐成为世界各地喜欢这类风格的服装设计师的选择。现代的服装解构仍然是倾向于强调个体本身，强调每件衣服的独特存在感[17]。如山本耀司所说，凡穿着我品牌服装的人，都能够找到你所要表达的自我和独特个性，而我的设计理念就是对服装结构、面料进行不断的拆分和重组，在此过程中营造出不同的造型和风格。而并非是纯粹的破坏，更重要的是重构、同构，通过解构的多样性，使服装的结构富有非常规性和可塑性。一件服装如果单纯被拆分，就不是解构服装，只有将拆分的服装重新再组合形成新的结构、新的整体才算是解构主义服装的全过程。

90年代早期，新朋克风格开始流行，主要表现在内衣外穿、透视镂空装、折衷服装。内衣外穿是将紧身胸衣外穿，颠覆了传统思想和着装习惯，彰显性别特征。透视镂空装是通过编织几何形或网状的透空服装，采用透而薄的面料制成。

（四）21世纪

进入新千年之后，信息技术、电子技术的又一次跨越，高科技产物更新换代的速度越来越快，人们对服装的功能性的追求越来越执着，一些可穿戴的高科技服装也悄悄地走进人们的生活和工作，对服装的解构逐步受到广大消费者的喜爱[18]，不仅如此，人们意识到服装设计是艺术与技术的综合运用，款式造型的创意越强，其设计的艺术创造性就越高，如果缺乏艺术的表现，设计出来的服装将没有主线或者说是灵魂，相反如果缺乏精准的技术，则无法充分地表达出艺术的魅力。图1-2是针对服装功能上的重构，通过加入高科技技术，赋予服装另外一种功能，使原本不敢想的事物通过解构而成为一种可能，丰富了服装设计的灵感范畴。从这个时期开始，可穿戴的高科技会使服装具有更多的功能体现。

图1-2（a）是一款新型特殊功能的"上衣"，袖口有一个显示器，可以在任何地方和时间来观看视频和图像，这时的服装不只是具有保暖、御寒、遮羞、审美等基础功能，而是富集了互动交流、视觉传达、语音等特殊功能，让人们的生活更加有趣丰富。

图1-2（b）是一件数码T恤，T恤集成了MP3播放器的功能，比带一个MP3

播放器更加便捷，无须任何工具的协助，只要操控T恤上的按键就可以轻松搞定，内置芯片可以拆卸，方面清洗。

图1-2（c）是摩托罗拉与Burton Snowboards公司联合推出的一款蓝牙夹克衫，通过衣服上的蓝牙装置可直接对手机通话进行操控，无须拿出手机便可操作。

图1-2（d）是一件能上网的服装，这种服装的前胸部位可以充当通信工具。显示屏通过蓝牙与手机网络相连，还可以通过GPRS定位系统与他人联网。

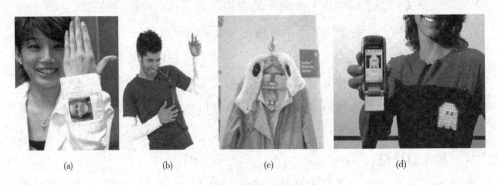

图1-2　高科技服装

到了21世纪10年代开始，人类无穷的想象力通过科技的支持，把想象变成了现实，比如智能衣。加拿大肯高迪亚大学的教授Joanna Berzowska研发了一款名叫"Karma Chameleon"的智能衣，这款智能衣可以吸收人体的能量，并保存起来，然后借助所保存的能量根据运动形态和穿着者本身的意图来改变服装自身的造型，这种特殊的面料采用电子器件和计算机组件嵌入式设计，而不是在织物表面进行设计，并且此纤维组织由多层高分子材料组成，所以纤维不管是收缩还是延伸都会产生交互作用，如图1-3所示。

荷兰的一名设计师Anouk Wipprecht设计了一款蜘蛛机械

图1-3　能量衣

衣，外观造型独特，有很强的视觉冲击力，在彰显个性的同时又赋予服装另外一种保护隐私的功能。这款服装有多个传感器，能够根据周围环境特点做出相应的快速反应，比如当有陌生人靠近这件服装时，它的"脚"便会伸展出来保护身体，如图1-4所示。

图1-5是谷歌联合李维斯研发的一款智能骑行夹克，李维斯通过谷歌

图1-4　蜘蛛机械衣

的提花织物技术，将带有传导性纤维织入牛仔布料里，这种纤维织入后会通过互动式感应、指令识别以及无缝连接到各类服务和应用的交互式服装。夹克内置智能扣环连接核心点，可以用蓝牙连接到手机或者计算机上，并可以在手机APP上轻松设定骑行的指令手势，在愉快的骑行过程中骑行者无须拿出手机就可以控制音乐、导航和电话等，是一种集运动时尚与功能于一体的轻松体验。

图1-5　智能骑行衣

图1-6是2014年加拿大Hyperstealth生物科技公司发明的一种叫做"量子隐形（Quantum Stealth）"的材料，它可以将周围的光波弯曲，进而达到隐形的效果。该公司表示这种材料将会用在军事上，为士兵制作"隐形衣"，但并没有向外界公布隐形衣材料的技术细节。

图1-6　隐形衣

　　图1-7是科罗拉多大学的在读博士HalleyProfita设计的一款"听声辨向衣"，这件服装有内置麦克风和传感器，可以帮助听力障碍者辨认声音传来的方向，对于听力障碍者来说有着非常重要的意义，帮助他们能够更好地融入所处的环境中，并通过声源的辨识帮助听力障碍者及时做出反应，这是助听器目前实现不了的功能。

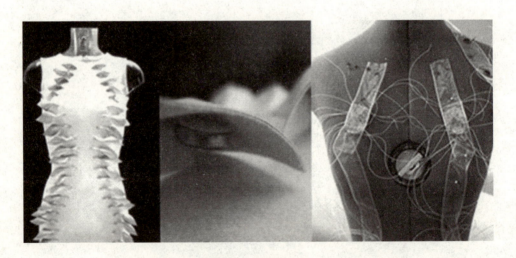

图1-7　听声辨向衣

　　图1-8是Danilo Zizic和Nikola Knezevic设计的一款Pacer连体服，它可以将穿着者的一举一动谱写成一段旋律。Pacer连体服上内置传感器和触发器，传感器用来捕捉人体的肌肉运动，而触发器利用收集到的信息转化成旋律。穿上它后

每做一个动作都会相应有一段音乐相伴而出。该服装可以在医学领域里用于肌肉萎缩的治疗和康复。

图1-8 谱曲衣

图1-9是一款名为Virtuali-tee的T恤，它是一款透视人体内脏的服装，穿着Virtuali-tee的用户可以通过配套手机APP扫描服装正面所印的图案，当用户扫描面部后可以在手机屏幕上观看到人体的骨骼、器官的图像，通过配套的VR设备可以观看到自己的每次心跳和血管的流动情况，该服装主要针对教育教学方面，可以让人们清晰地观察和掌握解剖知识。

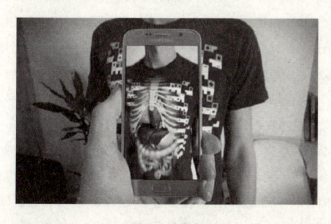

图1-9 透视衣

当然这些新型、智能服装是以经济、科技为基础的，科技的不断进步提升了服装的高效发展，从解构传统思想和观念的萌芽到现在智能服装设计，解构是一个进步，同时代表着一个国家和民族在该阶段经济、科技的进步程度，文化水平，生活方式等、解构主义服装的出现是一个必然的趋势和过程[19]，人们对生活方式的开放性和多样性推动着解构主义在服装中的发展，它也在一天天地长大和成熟，今天的成就就是明天辉煌的基础。

第三节　解构主义在其他设计领域的应用

一、对景观建筑设计的解构

通过对解构主义思想的解析给艺术设计的各个领域带来新的发展契机。人们渐渐开始厌倦现代主义垄断的设计风格，在这种原动力之下出现了以历史进程为背景、装饰为中心，分解、重构为方法的解构主义。首先在建筑领域应用设计，继而影响工业产品设计、平面包装设计、服装设计为主的设计范畴。建筑和服装的解构主义方法有相似性，因为建筑和服装都是包裹人体，只是距离的远近有所差别，建筑是对人体远距离的包裹，而服装对身体是零距离的包裹。20世纪在建筑领域中，解构主义建筑是继现代主义和后现代主义后建立起来的一种非常重要的新建筑形式。在某种意义上，它延续了俄国构成主义（也称结构主义），在构成主义的艺术特质上既有继承又有变化，是对传统建筑结构与形式的质疑，打破传统的秩序感，重新建立一种全新的建筑模式。解构主义是西方建筑领域中一种新的创作倾向，而不是特指的某种创作方法和艺术形式。解构主义是在结构主义的基础上发展而来的，是站在批判结构主义的基础上发展的，但它与结构主义又有着密切的联系。简单来说是一种开放的结构关系，因"破"而立，世界是复杂的、多元化的，打破结构主义而建立起新的结构秩序。

解构主义建筑师在设计中的共同特点是赋予建筑一切可能性，与现代主义在设计中的水平、垂直、集合形体的稳定性和固定性相比，解构主义更倾向于打散、偏心、反转、翻转等手法，具有不稳定性和运动感的倾向。解构主义最大的特点模糊界限、反二元对立、反中心、反权威、反"存在"、反非黑即白的理论。德里达认为，解构主义建筑是反对现代主义的垄断地位，反对现代主义的权威控制，反对将现代建筑和传统建筑对立起来的二元对立方式[20]。

建筑理论家伯纳德-屈米将德里达的解构主义理论引入到建筑理论当中，他和德里达的思想有很多相似点，同样反对二元对立说，模糊对立的界限，他认为现代主义和传统建筑的主要元素可以打碎重组成更开放、更自由、更多元的新建筑理论框架。他是建筑理论上最重要的人物之一，是他把德里达和巴休斯的哲学、语言学的理论引申到后现代建筑理论的应用中的。

解构主义建筑的另一个重要的人物是埃森曼。他是解构主义建筑理论的奠基人[21]，他与德里达保持着长期的书信往来，联系也比较频繁，在不断的沟通过程中加深了解构主义在建筑中的应用，奠定了重要的应用基础和发展空间。他认为无论是在建筑理论上还是在建筑设计实践上，建筑只是"本体"，需要由相关其他因素一起构成，比如语音、语义、语法等"文字学"因素才会使建筑更有意义。

（一）对完整、和谐的形式系统的解构

1. 库哈斯·央视大楼

中央电视台总部大楼（图1-10）坐落在北京的CBD商务区，分为主楼和附楼两部分组成，总面积为55万平方米，大楼最高处可以达到234米，共55层，分为地上52层和地下3层。它由荷兰人雷姆·库哈斯和德国人奥雷·舍人带领大都会建筑事务所（OMA）设计而成[22]。央视大楼外形前卫、姿态迥异、使人印象深刻。相比其他外形单一的高层建筑来说，库哈斯的建筑，无论是在体积、造型还是在细节设计上，都有一种雕塑艺术的气

图1-10 中央电视台总部大楼

息，并被评为全球最佳高层建筑奖。主楼的整体外形是以"Z"字母交叉组合构成的两座双向内倾斜的塔楼，倾斜度可达到6°。由于这种中空的造型，恰

好构成了一个巨大的"门"字造型；楼体造型的另外一个特色则是"悬空"，在两座塔楼相连接的部分没有任何支撑点，形成了悬臂结构，库哈斯运用了桥梁的建筑技术，外部结构由菱形钢网格所包裹，这种菱形钢网格是由原始骨架分隔而形成的，突显出独特的视觉效果。该建筑以文化精神为创作动机，以形式美为原则，现代主义风格的建筑注重简洁抽象的形式美，而解构主义建筑能使人感受到独特的精神元素，具有丰富、复杂的外在表达和建筑师深层的内在思考。自从央视大楼建成后，便遭到了民众的恶搞和质疑，很多人觉得央视大楼是缺少中国传统文化的建筑，但经过我们认真思考后，不难发现央视大楼的外观所展现的"门"字造型和外墙的玻璃材质都是切合了我国媒体角色的定位，既公正又开放，成为向世界自我展现的门；透明的特质，与设计师的内在理念完美契合，展现出个性、前卫的开放思想。对传统建筑结构的解构，代表新北京的国际化形象，同时可以用建筑的创作语言表达电视媒体的多元性和文化性。在当代多元化的审美标准下，解构主义建筑的形态并没有使人觉得缺乏形式美感，反而极大地增加了视觉冲击力。央视大楼的形态不会局限在这个建筑物体本身，而是描述着这个物体与周围环境之间的关系，包括物质的、精神的，包括功能、结构、材质、环境等因素的综合体现。西方传统哲学是一种很强逻辑性的理论学说，世界万物都存在于秩序和原则当中，而解构主义在对建筑进行解构时，一般采用分解、打碎、重组的逻辑关系。解构主义建筑采用一种多维视角看待和解决问题，其目的就是把思想从传统模式中、逻辑中和权威主义的思维定论中解放出来，并在平等的基础上重新审视价值和意义。

无论是古典主义、新古典主义、现代主义、结构主义，几乎没有一个设计师会动摇和破坏对和谐、功能、秩序、逻辑和完美的理念[23]。即使是解构主义设计师也只是在解开、打碎的基础上进行重组后，形成新的和谐、功能、秩序、逻辑。

2. 新型公交车站的座位

人们对旧的公交车站座位做了改良，颠覆了传统座位的结构，赋予它一种新的形态和模式，改变了人们坐的方式，因为公交车站的座位是为人们等车时提供片刻休息的地方，用解构主义的思想，将临时性提取出来，突出不确定、随意、临时、没有固定模式等特点，将主观与客观相结合，思想理论与应用实践相结合，对于解放建筑的设计理念非常有意义。这种解构思想的产生打破了人类社会固有的规律准则，让人们重新获取物质世界的本质，将原有的秩序打破后再重新创造出一种更加合理和便捷的秩序，这种秩序让人们对解构主义有积极的认可，勇敢地去追求和探索从而扩展了景观建筑的表达形式，使当今的景观建筑更富有多文化的社会特征。如图1-11、图1-12所示。

图1-11　旧的公交车站座位

图1-12　新型的公交车站座位

（二）对功能意义与价值的解构

对于传统的景观设计，设计师们会在设计过程中建立一个中心、一个聚焦空间，其主体明确，思路清晰，而解构主义基于对传统的"二元对立"的反抗[24]，反对压制个性，进而对传统功能进行颠覆、解体，探索建立新的意义和价值，将丰富性、模糊性、多种功能性等注入城市景观的设计中，使城市的情感、动态、多样与大千世界的有序形式相契合，并成为精神情感的主要媒介。因此他们要打破这种固定模式的思维惯性，以不顾长远意义上的思维方式进行创新，以更具有颠覆性和可变性的空间组织形式来取替。

在解构主义的景观设计中，景观设计可以同时具备多种功能性和价值综合性，开拓人们对景观设计的价值观和视野。图1-13是2008年西班牙萨拉戈萨世界博览会的展览中，让现场观众十分震惊的一座由无数水流组成的独特建筑，其内部结构与传统的建筑结构几乎相同，内设有咖啡厅、展览厅等各种功能空间，顶部的照明设备安置在水建筑中，由水流做成的"水墙"同时还是一个巨大的"显示屏"，水流来自于数万个小喷头，喷头处有传感器，连接到计算机，通过计算机控制开关和水墙开启的速度，图像和文字清晰地显示在水墙之上。当有物体靠近传感器时，它会根据距离瞬间打开水幕以便物体通过，当观

图1-13　2008年西班牙萨拉戈萨世界博览会

众靠近水建筑的瞬间，计算机传感器会自动打开水幕，形成一道拱形门，观众可以顺利通过，随后"水门"会关闭。让人叹为观止的是这栋占地约501.68平方米（5400平方英尺）的"水建筑"可以在瞬间消失不见，它的顶棚可以从约4.88米（16英尺）的高处顷刻间降至地面，进而完成整个变身过程。原来在水建筑的顶部有一个薄薄的水层，一个巨型的活塞推动这个水层根据需要上下浮沉[25]。而这种变化多样、颠覆传统思维的设计比较符合现代人的审美需求，所以无论是在景观建筑领域还是服装设计领域，解构主义都会成为创意的主流设计思想。

（三）对确定性的解构

屈米从反类型学角度，在建筑领域提出了一种混沌理论，即建筑的非功能特性理论，由此对建筑的确定性和传统性本质提出挑战。同在某一空间中发生的事件的关系与它同空间本身的关系是等量的[26]。在景观设计中，动态形体可以采取扭转、翻转、倾斜、断裂、波浪、弯曲等，造成一种失衡、失重、失稳等的不安形态，那么建筑空间在功能意义上也要体现出交换性和不确定性。现代城市中的景观设计其实就是空间的发展，空间又对应某种功能，是功能的物化形态。

因此，在全球化、互联网普及化的今天，人们要懂得去运用、解析、转换解构主义的内在意义，提倡一种崭新的标准。无论是服装行业还是景观设计等其他艺术领域，解构主义无处不在，不断挑战古典主义、现代主义所呈现出的静态、传统、经典的设计理念，选择性地摒弃那些和谐、秩序、逻辑和完美的形式理念，"使设计成为一种即兴的创作"。在现代科技的快速发展下，高科技为空间的发展带来了巨大的变化,新技术和新材料以及新理念使得景观设计在质感和造型上都有了跨越式的进步[27],打破了古典主义原有的形态,解构主义景观设计不再依靠传统的设计手法把景观建筑分成平面、剖面和透视等相对独立的组成部分,借助于计算机信息技术的超强计算能力,提供给建筑设计师探索和认识各要素之间的内在联系[28]。景观设计已不是一个静态的封闭系统,而是由多元化要素组合的动态系统。解构主义城市景观设计跳出传统的束缚,对传统的观念、习惯、确定性等进行解构,打破人们所习惯的秩序观念,以一种柏拉图变体与非等级的动态空间向传统宣战。

二、对文字的解构

文字是重要的视觉传达方式之一,对其进行加工和设计,使文字更容易识别和理解。文字最基本的目的便是传递信息,其设计存在着一定的前提条件,在形式美原则及传统美学规律的基础上进行设计,比如文字的可识别性和易读性,要给人以视觉上的清晰度,其文字效果要具有一定的视觉统一感,可以让大众接受和理解。但随着人们对文字的审美疲劳,在文字设计上为了给人留下深刻的印象,还出现了设计过度的情况,而导致文字的可读性不强。因此,我们需要对文字进行改革创新,在传统文字设计理念的基础上赋予它新的生命力,把文字作为一种艺术创作的载体。以汉字为例,将汉字的笔画、形态、结构进行解构,重新分割和提炼出新的元素,使它更具视觉化、时尚化、传播化、艺术化等设计形式。通过将汉字本身的形态、文字间的有机联系,情感的确定,构图想象和表达形态的选择等进行重组,它的设计思维是一种对视觉感受进行挑选、整合、再组合的一个过程,将这种思维通过一种新的文字形式传播出去。对于汉字的解构,人们首先考虑的是图形,然后是文字信息。设计时将汉字看成是一个整体,通过字的外形所表达出来的图形语言和内在信息,将汉字的整体和局部同时进行设计。如图1-14所示,"拆"的字体设计是先将字体拆开后形成碎片,再将碎片肌理组合的解构过程,在解构过程中赋予了它新的外在形势和内在关联的美感,打破了人们对汉字的信息的传统传递,这里的"拆"字不仅是一个汉字,更是一个大的范围和环境,给人们一种意境的表达,通过这种文字形体的拆分重组,极大地拓展了我们对文字艺术的想象空间

图1-14 "拆"字体设计

和艺术魅力，使文字不再是一个单一、乏味、死板的个体，而是具有它本身独特的新的生命力和活力，同时并不需要更多的文字描述来进一步解释说明，就能够让人们感受到"拆"所要表达的含义，同时这样的解构设计赋予了文字极强的视觉冲击力和魅力。

汉字的解构也可以是将不同元素同构在一起，通过图形、符号两种不同元素组合并共同传递信息，即将文字和图形于一体的设计形式，可以说文字就是图形、图形就是文字，没有任何的分界线和边界。图1-15张达利的《字非字 图非图》系列作品运用了最淳朴的设计方法，单一的色彩或背景与文字同构在一起的创作元素，打破了对文字的传统认识和理解。其内容是取材于老子著作中的片段和当代流行的元素，将边际模糊，在汉字无意识的分解后再进行组合、创建多个中心和主体，从而形成无主体、无中心、无边缘的形态，那么作品中的汉字已经失去了原有的汉字结构和功能，在进行创作的过程中以全新的表现手段将图像文字的美感和意义通过解构主义思想表现出来，重新对审美标准再次诠释，派生出信息传达与解读的

图1-15 张达利的《字非字 图非图》

优势[29]。所以视觉传达需要打破传统视觉习惯和创作习惯，以集约化、符号化的设计形态表现出最深刻的意义，并且通过新颖而独特的图形语言和易于理解的秩序传达设计师想要的艺术价值。

第二章

解构主义在服装设计中的运用

第一节 对传统思想上的服装解构

传统思想上的服装是包裹在身体外的衣服，它会随着不同地域、不同民族、人们的不同需求而发生改变。传统思想上的服装设计一般会遵循设计的三要素包括款式、色彩和面料，而且三要素要与穿着者的性格特点、外形、所处的环境和身份地位相吻合。

在对服装进行解构之前，首先要了解服装设计中传统的思维方式：以橘子为例，如图2-1所示，我们的传统思维或者古典思维就如同一个完整的橘子，体现出整体性、稳定性和唯一性，它是一个中心也是一个亮点，是一个事物的本体，没有经过任何变化。当橘子的个体被复制出多个个体的时候，就如同现代设计的思维方式，多元、商业化、批量生产的，如同"文革"时期大家对服装设计的从众心理，大家喜欢大众所推崇的，不喜欢彰显自己的个性。而当橘子皮被扒开时，整体性、稳定性被破坏，开始体现出解构主义思想，它将单一固定的整体改变成一种透明、开放的、千姿百态的状态，就如同内衣外穿，将

图2-1　解构主义思想的体现

里面的东西重新组成为主体,将人们长久以来的习惯通过内外世界的改变而打破,当橘子的个体形式被完全颠覆,并赋予一种新的形态和功能时,它往往不再是一个橘子的本体了,而是成为一个可娱乐的、带有趣味性的、可再使用不同功能的、多元化的个体,图2-1可以很好地诠释古典主义到现代主义到解构主义的特征。

一、对唯一的解构

对服装进行解构设计,首先要打破人们的传统思想和理念,要从服装是为人所穿着的理念中解放出来,我们的传统思想是每一个人穿着一套服装,服装是为个人来设计的,大多传统意义上的服装是符合人体的基本结构,一个领口、一个衣身、两个袖口来组成的,但如果我们将这个固有的传统思想打碎,一套服装可以使两个或多个人同时来穿着,将传统的设计常规和服装的基本形态进行解构,进而原来的设计模式发生根本性的改变,领口、袖子、衣身都可以不复存在或者颠倒其位置和数量,形成多个领口、多个袖口、多个衣身,形成新的造型和款式。这时的服装不再是原有的中心、主体和一个固定模式了,我们可以随意改变造型,对多个中心进行选择,原来的中心也就失去了原有的功能和意义。服装并不是为个体服务,也可以是为两个人或一个群体来服务,如图2-2所示,连体式的服装设计打破了传统思维方式和固定的审美模式,服装不再是常态的、彰显身份地位的专属标识,而是根据个人品位和需求自由追求流行,而流行也在随着对传统思想的解构而发生改变。

二、内与外的颠倒

服装风格不再是单一的,可以是融合互补的,比如高雅和破烂、经典与性

图2-2 侯赛因·卡拉扬的连体装

感、整体与破碎、完美与不确定等，特别是对内外世界的解构，另有一番风采与意韵，令无数时装大师为之倾倒。内衣外穿是一种以内衣元素为主线通过外穿的形式表现出来，主要表现为：胸罩、胸衣、花边内裤等被用于外穿表现，或作为外衣的构成元素彰显出来，给人以另类、独特的视觉感受。内衣外穿从80年代开始就陆续登上舞台，经历着排斥、不排斥到接受的过程，1990年开始，巴黎女装发布会上出现大量的内衣外穿的设计，形成了一种另类的潮流，如图2-3所示。不仅如此，2008年Dolce & Gabbana以睡衣外穿的设计理念举办了一场华丽的巴洛克式的睡衣派对，将睡衣的主要元素、面料应用在外衣设计上，给人以较强的视觉冲击。睡衣这种随意慵懒的感觉通过作品被完美地表达出来，作为内衣外穿的解构思想会一直延续下去，创造出更多更好的优秀作品（图2-4）。

图2-3　让·保罗·戈尔捷内衣外穿的作品

图2-4　2008年Dolce & Gabbana巴黎时装发布会

三、对距离的解构

服装与建筑都是对身体的一种围裹，只是服装是对人体的近距离的围裹，而建筑是对人体远距离的围裹，这是我们对传统意义上服装的定义，而当人们对传统思维进行解构以后，这种围裹的距离就发生了根本性的变化，服装不再是对人体短距离的围裹，也可以是一种远距离的，不贴合身体的，换言之，任何作用在身体周围的物体都可以构成服装，从一种独特的艺术的角度去设计服装，考虑的是服装本身的内容和价值，而不是服装与人体之间产生的穿着关系。例如，图2-5是Hussein Chalayan首次设计了一个舞蹈作品中的服装，通过服装与人体的关系诠释有关身份、置换和隐形等主题，而此时的模特绝非是赤身裸体的，而是对传统的穿着关系和思想进行了分解，然后再通过一种远距离的关系进行重组，形成了Hussein Chalayan的解构作品，而主要表达的围裹方式可以看成是对服装的彻底瓦解，同时也可以当成是艺术行为的一次表演。

图2-5　Hussein Chalayan的解构作品

四、平面与立体的解构

从裁片缝合至服装，是平面到立体的转化过程，这是现代服装的模式。而对于解构主义服装来说，应颠倒其顺序和过程，将三维的立体还原成二维的平面。如图2-6所示，这是川久保玲2018年春夏的服装设计作品，服装正面呈现出一个平面效果，所有的省道、褶皱和分割都在一个平面上进行设计的，模特如同穿着一个平面纸板，颠覆了人们对服装传统的穿着模式的理解，并将其肩线、胸围线、腰线、臀围线等模糊掉，重新整合后形成矩形的结构线，呈现中规中矩的直线剪裁，按照人体的完美比例将三维的空间比例融合到平面设计上，给人耳目一新的感觉。

图2-6　川久保玲的服装设计作品（2018年春夏）

第二节　对服装结构的解构

对服装结构的解构是解构主义在服装设计中常用的方法，主要分为对外部造型的解构和内部分割线的解构两个部分，外部造型往往比内部结构更加吸引人的视线，而内部分割线和省道的转化又是设计师常用的解构手法。对于结构中任何的分割线、结构线、装饰线和省道来说都不是唯一的、固定不变的，他们可以被打散、重组、相互转化，将看似不连贯的结构关系，在解构的过程中重新赋予它们新的生命。客观世界是产生不同结构、变化和发展的根源。设计师通常把传统的服装外部轮廓线和内部分割线通过切割、交叉、颠倒、扭转、不对称、错位等方法改变其基本的结构形态，通过解构形成一种无规则、非格式化、反常规的结构形式，推陈出新，创造出意想不到的效果。如图2-7所示，

图2-7 巴黎时装发布会

这两款服装是将交叉、错位、夸张的手法把服装与立体形态结合在一起,通过非常规的结构变化塑造出非常规的服装外部造型。在常规的服装设计中,设计师主要体现出人体的曲线,比如颈部、胸部、腰部、臀部及腿部之间的线条感,因此会设计一些夸张的曲线达到塑腰丰胸的感官效果,而在解构主义思想的影响下,人们的审美标准发生了改变,希望能够看到反常规、对造型叠加的或残缺的外部轮廓线,从而达到结构美的效果。设计师则会采用不同的方法迫切地寻找出服装的本源,再将其解开重组。

一、服装外部轮廓的解构

服装的外轮廓也称服装的外轮廓剪影,是服装造型的根本。服装造型的总体印象是由服装的外轮廓决定,它进入视觉的速度和强度要高于服装的内轮廓[30]。服装外轮廓形的分类,以字母命名,形象生动,主要有A型、V型、H型、O型、Y型、T型、X型、S型等,以几何造型命名为长方形、正方形、圆形、椭圆形、梯形、三角形、球形等。将服装外轮廓解构,通常将服装原有轮廓打破、分割、分解成几个几何形体或字母,可以平面分解也可以立体分解，然后进行有序或无序的排列、重组来改变外轮廓造型，而重组后的造型往往是对传统审美和人体外形常态认识的颠覆。外轮廓设计主要是对肩部、胸部、腰部、臀部设有支撑点，服装轮廓线围绕在这几个支撑点上进行长度和围度的变化，采用放或收、提或降、增或减等手法改变整体形态，可以形成几种字母造型或几何造型的叠加、错位、同构等形态，但由于每个设计的增减程度和提降程度的不同，进而整体的外轮廓造型千差万别，彰显出不同的服装风格。

1. 外形相连法

外形相连法是将两个和多个外形轮廓相连，形成字母或几何形体相连的组合，但个体与个体之间又是相互独立的，不同元素并不相互渗透和融合，产生的组合形体处于平面组合，比如A型与O型的组合、H型与T型的组合、V型与Y型的组合，或者将多个外形组合在一起形成新的服装外轮廓造型。

2. 融合法

融合法是指将两个不同的轮廓外形或局部轮廓相同的形体相融合，可以完全融合，也可以局部融合，融合的部分可以相互交叉和渗透，可以是平面的交叉形式，也可以是立体的交叉形式，渗透的过程中原有的外形会融合掉与其他元素共同构成新的外形结构。

3. 消减法

消减法是将两个或多个不同的外轮廓相互叠加时，将重复部分或某一部分减掉，留下剩余的廓形，减掉的部分可以用镂空的形式表现出来，这种设计方法可以使外轮廓产生意想不到的差异效果。

4. 重叠法

重叠法是将两种或多种相同或不同的外轮廓形态层层覆盖重叠，形成上下、左右、内外、前后的排列组合形式，在重叠的过程中会产生强烈的体积感，这种重叠的外轮廓往往跟内部结构一同组合，将某一单独个体反复重叠，形成新的外轮廓形态。

二、服装内部结构的解构

内部结构与外部轮廓相比，首先使人们产生视觉反应的是外部轮廓的设计，其次是内部结构线的设计，同时服装内部结构的改变直接影响服装的外部轮廓，内部结构的改变又可以通过内部结构线、分割线、省道和装饰线表现出来，是服装解构的重要环节，巧妙地运用内部分割线可以使服装在细节上产生意想不到的效果。服装内部分割线和省道并不是独立的个体，它们与外轮廓结构相关联，分割线和省道位置、数量和方向的改变将会影响外部结构的轮廓造型。省道有塑造形体的作用，比如增加省道可以使服装更加合体，也可以使服装更加宽松，内部结构设计将衣片通过结构线、省道线、装饰线的设计形成不同的面和体，使服装更加富有细节感和设计感，每年的流行款式大多是通过这些线条的改变而形成不同的款式变化，在解构的过程中，运用逆向思维或发散性思维，将服装的分割线以多元化的形态呈现，包括横线、纵线、斜线、射线以及各种线条的组合，分割线和省道分别从功能性和装饰性两个方面进行设计，大体可分为：结构线与省道组合，装饰线与省道组合，省道与省道组合，结构线、装饰线与省道组合，结构线与装饰线组合，结构线与结构线组合，装饰线与装饰线组合等形式。

增加某局部的分割线和省道时，用无规律的组合排列、错位等方式进行设计，或将某一个单体元素打乱后将重组后的新元素进行穿插排列，使服装在细节上更加丰富，如果只有外部轮廓的设计，而缺少内部结构的设计，那么服装将会呈现出缺乏细节、单一的形态。相反，如果只做内部结构设计而忽略外部结构设计，那么服装会呈现出烦琐的细节，但却不能给人留下深刻的印象，外与内的关系很微妙，根据风格特点，把服装分为有主有次，有急有缓，设计时需将两方面因素考虑清楚，如图2-8所示。将服装内部结构手的造型与外部结构相结合，形成特有的风格。

传统服装设计大多遵循形式美法则，比如"比例""平衡""韵律与节奏""强调""变化与统一"五项基本原理，这是服装设计的前提和基本规律[31]。通过解构主义对服装内部结构线设计的特征如下：

（一）分割线的解构设计

服装中的分割线又可称为结构线，一般兼有装饰性和功能性的双重目的，常规分割线一般设在与凸点有关的不同位置，通过省道转移获得立体的断缝结构[32]。

Chalayan时装　　　　　A.W.A.K.E时装

图2-8　服装内部结构与外部结构相结合

1. 转移、延伸

转移、延伸指的是对服装的内部结构线的转移与延伸，并使转移和延伸后的结构线与服装重新组合构成，转移服装内部结构线和位置，也可以转移多条结构线与装饰线组成的局部，在位置上进行颠倒和延伸。图2-9是安特卫普艺术设计学院学生设计作品，图2-9（a）将领口设置为两个，上下各一个，将领口的位置转移，同时袖子的位置也发生改变，将袖子的位置移位至腰部位置，延伸袖子的长度至膝盖上沿，图2-9（b）将脖领延伸至胯部，同时袖子长度延伸至小腿处，同时将领口大幅度的扩大，在造型上采用夸张的手法，通过解构中的转移、延伸对服装内部结构进行设计，进而影响外部轮廓的造型效果。

2. 夸张

夸张是对服装内部结构的某个局部进行大幅度的改变，比如颠覆"对称""平衡""韵律""统一"等形式美，形成局部的夸张或缩小，反人体功效学的设计方式。图2-10（a）将袖子进行夸张设计，袖子的袖山弧线大幅度的扩大。在前胸衣片两侧自由抽褶、堆积，形成一定的体积感。图2-10（b）将领口

(a) (b)

图2-9 安特卫普艺术设计学院毕业作品

(a) (b)

图2-10 安特卫普艺术设计学院毕业作品

线和肩线提高,并将肩部的结构打碎,增加体量的堆叠设计,这种大尺度夸张对服装内部结构设计将会影响服装的整体外部造型,极大地增强了视觉效果。

3. 失衡

失衡是一种不稳定的状态,是失去平衡的意思,打破服装内部分割线的平衡对称,通过失衡、不稳定、倾斜、错位、扭转等解构手法使解构主义服装与传统服装有着鲜明的对比,同时这样的设计将给人留下深刻的印象。解构主义服装经常对传统服装进行解构,将结构线颠覆,产生怪诞、另类的效果。如图2-11所示,左右两边设计完全失衡,所呈现的是不稳定、视觉倾斜的效果。

4. 重叠

重叠是解构服装设计的一种常用手法,以一个单元的部件重复堆叠,从而使内部结构线条发生改变,将原有的线条覆盖,在不断堆叠的过程中形成新的线条、块面和体积,从而完成整个解构过程,在重叠的设计过程中,某一单一元素可以改变其大小和多少,可以扩大也可以缩小,可以按照一个方向也可以分别从不同的方向进行重叠,形式多样,形成独特的设计造型。如图2-12所

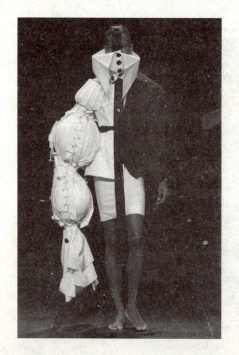

图2-11　安特卫普艺术设计学院作业作品

图2-12　Viktor & Rolf 的设计作品
（2011年春夏）

示，将袖子和领子的局部进行重叠设计，打散了原有的结构线，在重叠的过程中按照一定的规律和方向进行相同间隔的重叠，并在长度上形成渐大或渐小的递进效果。

5. 折叠

折叠是将服装的分割线、省道等进行反复折叠形成从平面到立体的结构转化。在解构过程中，折叠起着局部装饰和强调的作用，主要集中在胸部、背部、领子、袖子、下摆等部位，使局部装饰与整体造型相呼应。

（1）单体折叠组合法。用面料单独折叠成某一元素个体，比如花朵、植物、动物、建筑、几何形体等，将这些立体造型与服装的某一条分割线或者省道相连接，形成一个组合体，单一元素的个体可以是整体与服装相连接，也可以将个体打散、分解成多个无序或有序的小个体，再通过不同的设计手法将其重组在一起，通过面料的折叠形成立体造型，将整体与局部造型相协调。

（2）多体折叠组合法。将服装的某一个局部通过多个个体造型的排列组合形成建筑般的立体造型，每一个小的立体造型不一定是一个完整的元素，但可以将这些小造型共同排列，形成整体的造型元素，当立体折叠与服装局部相结合的时候，局部的分割线和省道会转移、扭曲、平移、增加或合并，进而影响整个服装的外部轮廓造型，如图2-13所示，通过一片一片的面料平行排列组合，形成主体造型。

6. 重塑

分割线主要考虑的是服装结构的功能性和装饰性，通过对分割线位置的变化，数量的增加，形式的多样重新诠释对分割线的理解。图2-14是服装设计师邹游的作品，通过解构服装的内部分割线，形成服装半成品的过程，同时服装的外部造型线与服装内部分割线之间的转化过程，一如既往地将解构主义贯穿到底，将看似平淡无奇的服装增加了不确定性和重塑性。该服装通过纵向分割线由领口开始一直到底，摆处由拉链相连，当一侧拉链拉开后，服装整体性被打破，个体独特的个性彰显出来，其未完成感充分体现了解构主义的基本思想和原理，设计师将单一、常规的服装款式转换成了可塑、无规则、未完成的服装形态，既神秘又让人充满想象。

图2-13　安特卫普艺术设计学院毕业作品

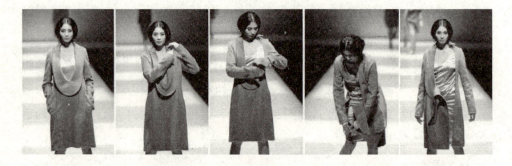

图2-14　中国国际时装周设计师邹游的作品（2008/2009秋冬）

（二）省道

人体是由多个复杂的曲面共同构成的一个立体结构，面料对身体进行围合后形成的服装是不服帖、不合体的，为了使服装更加合体和美观，必须在服装围裹身体的同时将产生的多余面料去掉，这个过程就是省道的形成过程，也是从二维面料到三维服装立体造型的一种重要技法。那么在服装设计中"解构主义"省道的设计与传统省道的设计是不同的，省道不再是使服装更合体、更美观的技法，而是把该去掉的剩余量保留，将一个省道转换成多个省道，或者多个省道合并成为一个省道，颠覆省道转移所遵循的原则。比如，省道在转移的过程中不用保持服装的平衡，可以将省道线集中在一侧，使视觉倾斜，或者将省道的角度发生改变的同时，加大省道的数值，呈现一种反常规的、不协调的省道。省道的位置可以转移，省道可以消失，多个省道可以合并，一个省道也可以分解成多个，省道可以使宽松的服装更加合体，也可以使合体的服装变得更宽松，省道可以随人体的曲线设计，也可以反其道而为之，形成与人体曲线反差比较大的省道设计，对省道和分割线的设计是内部结构设计中最为重要的手段，服装设计师经常将这两种方法结合在一起共同塑造形体轮廓。

1. 常规省道转移的方法

（1）剪开法。在平面结构图上找到新省道的位置并开剪，将原来省道进行合并，原来的省道消失而形成新的省道，在解构设计中，省道线可以是直线、曲线、折线、射线或不规则形。无论省道线是什么形式，都可以运用剪开法，在视觉上非常直观和简单，并可以多次使用这种方法。

（2）旋转法。将省尖作为中心点，平面纸样可以根据这个中心点旋转角度，随意打开和合并，可以同时保留，也可以保留其中一个，将省道转移到所设定的位置，准确直观。

（3）量取法。量取清楚原有省道的位置和数值，然后在省尖相连的其他位置量取一定的数值来取代原有的省道。

2. 非常规省道转移的方法

（1）服装一般有胸省、腋下省、腰省、袖笼省、肩省、侧缝省等常规的省道，是解决人体凹凸点的褶裥，而对于解构主义服装来说，大多采用的是非常规的省道，而非常规的省道是由常规省道变化而来的，既丰富了服装的内部结构设计，又是对服装的功能和造型的创新设计，成为服装内部结构设计的主要方法。

（2）非常规省道的转移可以在常规省道的基础上来完成，当非常规的省道的端点经过乳突点时，可以直接将省道和乳突点开剪完成转移的过程，省道打开的数值可根据造型来确定；当非常规省道的端点不经过乳突点，而在其附近时，可将省道延长至乳突点或用平移法，将原有的省道和新转移的非常规的省道相交，以相交点为中心通过开剪多次转移来完成整个的省道转移，如果原有的省道和新转移的非常规的省道没有交点的话,可以通过二次、三次间接转移完成省道转移。

第三节 对色彩的解构

在服装设计中,色彩是最直观最显而易见的视觉体现,色彩往往体现人的心理状态,人的心情也可以通过色彩表现出来。对于色彩的分解可以通过对色点不同的排列组合使眼睛接收到不同色彩分层,将色彩通过拆分、溶解、重组等方式形成新的色彩,从各种意识的形态和感官上加以突破。

对色彩的解构主要是对单种色彩通过大小、数量、面积、布局和外形等方面进行拆解和重组,如图2-15所示,一个红色的大圆点通过分解后形成多个红色小点,视觉上由强变弱,布局上由集中变成分散,从而突破原有色彩的感受,使服装色彩充分得以分解。解构色彩包括两个基本过程:首先是色彩解构,然后才是色彩重构。色彩作为解构对象,要从中抽取出个体进行分析,比如色彩的个体特征、组合规律和原则。

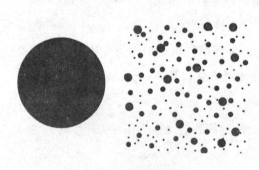

图2-15 色彩的解构

一、色彩仿生设计

古希腊哲学家赫拉克利特说:"艺术模仿自然",自然本身就是人类的一种提高自身审美修养的自发和有效的途径[33]。自然界中的色彩搭配组合是最为丰富多彩的,大量的色块打乱、重组后形成具有和谐、统一及秩序感的色彩。大部分的物象本身就映衬着色彩组合的对比和微妙的关系,将大自然中的色彩打乱后重新拼合,在不断的拆分和重组中,使大自然背景和服装色彩的差异越来越小,从而形成仿生。仿生色彩具有防卫或警示的作用。通过不断观察和分析,去发掘大自然中独特的色彩规则,再通过解构和重构,把从大自然中提取相应的色彩彰显出来,并从中吸取养分,运用于服装的色彩解构[34]。在这个过程中人们提取原作中最本质特征的色彩组合单元,按照一定的内在联系与逻辑重新构建,组合成一幅新的色彩画面,这就是色彩的同质异构[35]。

色彩仿生设计是解构色彩的重要方法之一,色彩仿生就是从大自然丰富多样的色彩和色彩匹配中捕捉色彩设计的灵感[36];或模仿自然景物色彩,应用到产品色彩设计中,称为色彩仿生[37];色彩仿生设计是在仿生学基础上发展起来的,主要通过研究自然界生物系统的优异色彩功能和形式进行色彩感觉仿生、色彩信息反馈控制以及用色彩语言通信、定向和导航等来进行人机系统模拟,并运用现代设计中典型的对应论方法,有选择性地应用这些自然原理进行人工色彩设计[38]。

经整理后仿生色彩设计是以设计学和仿生学为基础,通过对自然界和生物界色彩的观察,探索自然界中不同的色彩功能和组合形式,进而影响人们的生理和心理[39],通过提取、过滤、重组等方法,将自然界中优异的色彩重组形式和功能运用到服装设计中,使服装与周围环境共处,其中加法、减法、溶解法等方法是典型的突破创新设计理念的重要设计方法,解构色彩已成为色彩设计中的主流方式,在重组后形成新的色彩构成要素,通过对反常规、反传统、反固定模式,体现解构主义服装的不确定性、独特个性、从自然中来到自然中去的基本思想,将原有的色系、色调、明度、纯度、面积、形状等重新整合和分配,提取原有的元素,再进行概括和重组。自然中每一种色彩的选择和组织都是有自己特定的意义,将天然的组成形式应用到特定的服饰设计中,会给人以充分的联想和情绪的认同,对色彩的仿生会使作品更加富有创造性,丰富和协调人与自然的和谐关系。

二、仿生迷彩服

迷彩服装是仿生色彩设计在服装设计中的典型应用,它具有模糊视线的作用,迷彩服可以仿周围环境中的丛林、岩石、沙漠、动物等色彩图案,使迷彩服在特定的环境中迷惑人的眼睛,形成视错和假象,从而起到防护作用,如图2-16所示。

对于经济与技术快速发展的今天,高科技迷彩服应运而生,美国化学家索

图2-16　仿生迷彩服

特琴格运用色彩仿生发明了一种丝线，它是由电致变色聚合物组成的，这样迷彩服可以通过电场的变化来改变迷彩的颜色，由于所处环境的不同，光线的波长改变，电压会随时发生变化，进而电子能量的变化会改变衣服的颜色，形成不同的色彩图案，色彩图案是根据自然界的背景比对色系、明度、纯度等细节做的仿生设计，在色彩的布局和面积分布上都经过了精细的计算，使色彩更加符合环境色，当环境改变时，色彩图案也会瞬间发生变化。

　　变色龙可以随环境变化而改变身体的颜色，主要是由于它的皮肤细胞里面包含一些可转变的绿叶素，根据变色龙的细胞构成原理，设计出一款能够自动变换颜色的变色纤维，它对光线的变化非常敏感，温度和湿度的变化同时也可以使其颜色发生改变，在染色方面，可以采用光色性染料，色彩会受到温度和湿度的影响。这种纤维做成服装后，会有很好的隐蔽和防护作用。高科技迷彩服装的应用主要集中在军事领域，全球电子迷彩服全面爆发，与互联网、物联网相结合的新型迷彩服也不断地登上军事武装领域，全世界各个国家也将很多精力投放到仿生更高级的隐身装置上，全地形迷彩服，面料引入新的自然光变色技术，可以根据地形、季节、时间光线的变化而变化，使目标处在逐渐模糊的状态下，人与自然融合的过程，符合当前军事上的需求，使迷彩仿生技术不断发展和更新。

第四节 对传统材料的解构

一、材料解构的特点

服装设计既用材料来表现，同时又受到材料的制约，作为服装设计的三要素之一，材料直接影响服装设计的整体效果。作为服装设计的重要组成部分，对材料的解构也是主要的方式之一，主要分为服用材料和非服用材料两种。解构材料是指将常规材料拆解、分解、分开后进行二次设计再造的过程，将解构主义的否定、颠覆、消解、同构的原理重新组合成另一种或多种样态，这个过程不仅可以产生出与原材料完全不同的效果，还可以让材料再生。经过二次加工再造后将原本的服装形态彻底改变，创造出具有很强个性特征的服装造型。常规服装材料被分解的全过程就是针对它改造的过程，可以采用镂空、抽丝、断裂、烂花、分割等方式进行解构，从而改变材料的外观和肌理，创造出新的思维方式和解构主义的新理念。

重塑解构指对材料分解后，通过缝、绣、拼贴、折叠、填充、镶嵌、滚边、堆积等处理方式，使这些材料具有立体感或半立体感，同时使服装具有特定的结构与形态，这是一种对服装材料进行立体式设计的创作方法，经过解构后效果非常明显，既能强烈的彰显出材料本身的视觉美感，也能给设计师带来多元化的创作灵感、新的思维方式和新的创作方向。在解构大师的手中，他们经常颠覆和打破固有的组合，开创出崭新奇特的组合形式，来充分体现出服装的另类、前卫及时尚。

在解构主义服装设计中，技术与审美同等重要，材料的解构重组可以给服装增添亮点，同时服装材料也是构成物质基础的重要元素之一。服装的色彩与图案直接依附在服装面料上，服装造型往往通过材料塑造和表现出来，材料是服装各个要素的载体[40]。20世纪80年代以来，以材料作为创新手段成为一种时尚趋势，设计师们开始挖掘非传统面料作为服装设计的主体，从世界万物中摄取灵感，从而形成一种视觉艺术。经济快速的发展，对服装的实用功能性的要求越来越高，服装设计不断创新和发展对人的审美观念发生了改变，人们对服装的个性彰显和艺术风格的体现越来越强烈。设计作品越是新奇，越能引起人们对该作品的关注,使人们对它保持一种审美敏感度,产生一定的审美感受,当人们反复面对一种单一的刺激时,人的感觉系统会变得迟钝起来,甚至不再及时地产生反应[41]。而一种新鲜的刺激则会促使人们的大脑立即处于兴奋状态,并把所有注意力指向刺激源,产生相对反应。这就是人们在设计中不断寻求创新和刺激的一个原动力。旧的设计源将被新的设计源取替,可以将材料解构形成新的巧妙的服装款式。

通过设计师反复解构实践创作出全新的面料肌理,并总结出新的方法,把头脑中灵感记忆作为基础,构思、打散、重组的探索过程是把清晰的事物变得模糊,再由模糊变成清晰的过程。日本设计大师三宅一生对材料再创造一直情有独钟,曾设计出"一块布"系列,即将服装还原成一块布,如图2-17所

图2-17 三宅一生20世纪80年代的设计作品

示。用解构的思想重新给设计一种新的灵感，不断探索新的解构主义方法，陆续推出了如树皮、雕塑、皱纸般的肌理效果，每一次让人感到惊叹和震撼，并给很多设计师新的启迪[42]。图2-18是韩国设计师崔璟姬在时装艺术2008年国际展中的设计作品《交点》，作品中的主要材料是皮革、水晶、网纱、发光二极管等多种变化材料，用同构的手法将这些材料融为一体，重组后形成一个整体。在后现代时期，错综复杂的网络构成一个社会，大量的交点将事物紧密地联系在一起，形成整个网络，当代社会的纷繁复杂却又井然有序的基本特点与人们的热情，在黑色网纱下通过红色发光的二极管隐约的彰显出来，透过由水晶交点连接的如盔甲般的漆皮块，若隐若现，这个就是作品的核心。图2-19是作品《内与外》，是韩国设计师姜竹兄的设计作品，主要材料是天鹅绒、拉链和纽扣，"内与外"的主题充分表达了热情本色。将人体的轮廓外形处于天鹅绒中，这是对传统思想的一种解构，当打开前胸的拉链，就可以剥离天鹅绒的躯壳，但却看不到身体内部的器官，而身体的线条用纽扣勾勒出来，纽扣的一面为"内"，另一面为"外"，打散了整体，打破了中心，重新组合后形成了另外意义的服装，给服装赋予了新的功能和意义。解构服装与面料再造设计的关系是相辅相成的，通过对面料再造使服装的肌理更加多元丰富。

图2-18 《交点》

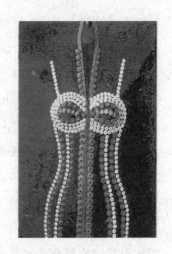

图2-19 《内与外》

二、面料再造的方法

服装面料的再造可以称为服装面料的再次设计，在设计的过程中体现解构主义的基本思想和观念，使面料本身所承载的美感最大化地彰显出来，运用刺绣、绗缝、扎染、蜡染、手绘、拼布、激光切割、3D打印等手法表现出来。在面料再造前首先要了解面料的特性，比如面料的质地、肌理、悬垂性、耐磨性、弹性、纹样等，面料再造的手法一般有加减法、拼接法、层叠法、抽褶法、褶裥法、堆积法等。

加减法主要体现在传统表现手法上，加法有刺绣、珠绣、扎染、蜡染、钩花、打结、彩绘等手段，在面料上做增加或者减少的处理。再造设计不是单独一种方法的运用，可以是多种方法同时进行，使再造面料的肌理效果更加丰富多彩，在对面料解构的同时将面料分割、叠加，重组后，有序或无序地将织物重新排列组合，进而形成杂乱无章的风格特点。

（一）加法

拼布是解构主义对面料加法设计的主要表现方法。拼布是将色彩、图案、材料运用拼接、重塑的方法将剪好的图形和特定数量的小布片，通过拼接的手法将分解、打散的布重组起来，充分体现了解构主义的基本思想。解构主义服装既强调"解"，也强调"构"。"解"包含形式上的分解、解开、打散等含义，在思想上指批判、否定、突破、颠覆传统的寓意；"构"指重组、构成、组合、再造等，形成新的面貌，服装解构设计的不仅是指对服装本身的解构，也强调对传统社会模式、传统理念和大众传播中的性别、地位、经典等潮流的解构，批判和推翻正统原则和标准，给予全新的诠释，这才是解构主义的深刻意义所在[43]。拼布服装和解构主义服装两者相同的地方是在技法上都包含分解和构成的含义。不同的是，拼布服装在形式上采取拼接的方式进行设计，色彩、图案、造型、材料等方面都局限于传统的设计元素符号，很难被当下的年轻人接受。而解构主义服装则不仅在表现形式上采用分解与重构，设计理念也彻底颠覆常规的禁锢，对常规思想加以变革，产生更多的设计新观念。总而言之，拼布服装中的拼布艺术是解构主义服装的设计基础[44]。拼布服装囿于传统的模式，比较保守，但是解构主义服装的加法设计却立足在拼布服装的基础上加以革新，从工艺技法、表现形式到设计理念等方面都一一打破传统的枷锁[45]。如图2-20所示,通过加法拼布形式呈现出油画画触的效果。

拼布服装的出现与解构主义的思想没有任何关系,而是受到经济因素的影响,生产力比较低下,面料匮乏,资源也比较少,人们为了节省用料,将裁剪剩下的碎面料重新缝合起来形成一件新的衣服,后来人们开始越来越重视碎布料的色彩搭配和图形搭配,将碎布尽可能美观地呈现出来。解构主义通常采用引用、戏谑、模仿、和拼凑等方式,拼布设计形式充分体现了模仿和拼凑,对原有结构和色彩图形的消解,使重构隐含了多重意义,体现解构主义整体和部分的构成关系,解构主义用折衷主义和模糊取代了传统单一的发展规律,使服装设计更具有创造性和可变性。创新无处不在。

图2-20 韩国创意面料设计作品

(二)减法

减法有抽丝、镂空、剪切、腐蚀、磨毛、破损等手段,将原有的组织结构破坏掉,通过辅助工具、化学剂破坏服装面料原有的色泽和肌理表面,比如通过褪色、做旧、砂洗等方法来完成面料的再次设计,残破法是减法的主要表现方法,残破的面料给人的感觉是随意的、凌乱的、复古的。残破法一般用在牛仔面料上,使牛仔面料的肌理更加丰富,更加有层次感和动感,随着穿着者动作的变化,残破处的细节也会发生改变,残破主要体现在毛边、破洞、做旧等方面,如图2-21所示,这是中国纺织面料大赛获奖的作品,通过减法镂空的方法,呈现出两层叠加的关系。

1. 毛边

毛边是指面料进行裁剪后没有对边缘处进行缝合。毛边是当下服装流行的一个元素,故意将未缝合的边缘打散,一般在服装的洞口边缘、领口、袖口、下摆、裤口等位置,呈现破碎的、随意的、杂乱无章的视觉效果,同时也可以将毛边处开剪成整齐的流苏,在面料底摆处形成有规律的条状结构,赋予服装

图2-21　中国纺织面料大赛获奖作品

一种流动之美，随着解构主义思想的引入，流苏的材料也变得更加多元化，纺织服装面料和非纺织服装面料混搭制作流苏，将线的概念更具有力量感，体现出解构主义的拼凑、夸张的思想。

2. 破洞

破洞是当下的流行趋势，它主要通过抽丝、开孔、撕裂等设计方法获得。

（1）抽丝是指抽取面料某段距离的经纱和纬纱，从而在相交处形成破洞，其他位置呈现出丝线的残缺状态；抽丝是服装设计中减法的常规表现形式，牛仔面料经抽丝后更具有层次感，抽掉表层的蓝色经纱，保留下层的白色纬纱，恰好形成线条的疏密对比和镂空的效果。

（2）开孔是通过切、剪、激光切割、腐蚀等方法在服装表面营造出整齐或残缺的洞口，开孔可以根据需要设计不同形状的空洞，可以将无序的空洞进行任意排列，也可以将有序的空洞进行排列，空洞的形式可以是大胆前卫的，也可以是内敛斯文的，见图2-22所示，该系列为Comme des Garcons的作品，通过对嘴唇图案的镂空装饰增加服装的趣味感。

（3）撕裂是减法设计中无规则的、随意的但更具爆发力的表现形式，撕裂在牛仔服装设计中比较常见，任意将服装的某一个局部撕裂，形成一种未完成感，撕裂后的边缘任由其发展，形成粗犷的边缘线，给人一种原始、奔放的视觉感受，营造一种残缺之美，体现出解构主义对完整的破坏和反叛的一面。

通过破洞将人们的视线从服装转移到身体之上,从而不再是一个中心和主体,而形成多个中心和主体。

3. 做旧

做旧是指通过砂洗、打磨和化学腐蚀的方法来改变服装面料的完整、光滑、崭新的肌理效果。砂洗其实是将粗犷厚实的牛仔面料在色彩和质地上过渡得更加自然和柔和,在膝盖、肘部、臀部等易磨损的位置故意打磨,使服装增添一些随意感,现代人接触的做旧气息越来越浓郁,不仅在服装领域,在纺织品、家装、饰品等领域都比较流行。

图2-22　Comme des Garcons的作品

第五节　对服装功能的解构

随着时代的发展和进步,服装对功能的需求越来越高,功能解构的方式多种多样,除服装的基本功能如保暖、御寒、遮阳、防护等,人们更需要形式多样,可随着场合的不同而发生变化的服装,在不同的环境变换不同的功能。日本在这方面的研究较多,通过服装与服装之间、服装与非服装之间的转换,不断地更新服装设计的范畴,服装同时可以扮演不同的角色,并且在不同的角色中发挥的功能越来越完善,服装款式上也会随着功能的转化而发生改变。

一款服装可以同时具备两种或两种以上的功能,既可以是时装,也可以赋予它另外的功能——行李袋,它可以被人穿在身上,也可以将人容纳在行李袋内,颠覆了传统意义的服装概念和穿着方式,设计的功能的多样化给服装增添了趣味性,再加上结构线、装饰线的合理的转化,形成了另一种服装样式(图2-23)。

/解构主义在服装设计中的应用/

图2-23 多功能服装

图2-24是一款"售卖机",它是29岁的日本时装设计师月冈阿野专门为女

性设计出的一款防护追踪的新型服装。从外表上看，这款服装是一条非常普通的红色长裙，裙子采用双层设计，裙子内层印有大家都非常熟悉的街头贩卖机的图案，当遇到危险时，可以将裙子打开，套过头顶，将内层翻转到外层，这样贩卖机的形态就出现了，转换过程非常简单快捷，方便逃脱，专门为独自行走的女士设计的。当她们发现自己被跟踪或有危险想回避的时候，便可以马上将自己隐藏起来。

图2-24　2007年日本设计师月冈阿野作品

　　这种服装功能相互转换的案例还有很多，比如在日本比较流行的一款"灭火器书包"，同样也是月冈阿野设计的作品，当孩子遇到危险时，将书包打开后反背在身上就能转换为一个灭火器（图2-25）。书包与灭火器之间功能性的转换，将会成为解构主义在设计应用中的一个主要研究热点。当今社会的快速发展也推动了功能性服装的发展，人们需要多功能的服装来满足他们在不同场合和不同环境下的心理需求。

图2-25 日本设计师月冈阿野的作品（2007年）

第六节 对图案的解构

　　传统的图案设计要遵循形式美法则，比如平衡、对称、韵律、和谐、统一等特点，但解构主义对图案设计是颠覆，是打破，是重组，从而形成与众不同的设计理念，图案设计所追求的更多的是新与奇，在解构图案的过程中，设计师将原有的图案打碎，提炼最基本的图案元素，然后加入图案设计的基本创作方法和转换技巧，将支离破碎的元素与其他新的元素进行创新融合，根据最初的设计重新规划并创新。大多数情况下，图案被解构后会暂时形成散点、破碎、不完整、不和谐的状态，但这只是解构过程中的一个过程，当重组后会成为另外的图案，图案的解构可以是平面、立体和它们的结合体共同组成。对图案的解构方式如下：

一、直线解构法

　　直线解构法是图案解构中最简单的方法，直线解构法有平稳、渐进的视觉效果，它是将图案分成若干个单元分区，在每个单元中找到三个以上的完整元素，其他元素可以根据所划分的区域打碎、打散，然后采用单位元素放大、缩小、平移、镜像、扭转等方法重新组合成新的图形，这种方法比较直观简单。

二、斜线解构法

　　斜线解构法比直线解构法更加灵活多变，是在直线解构法形成的基础上变化而来的，但图案的完整度不太容易把握。斜线解构法是将原有图案通过斜线分割成若干个分区，每个分区的单位元素保留三个以上完整的元素，其他单位元素可以根据所划分的区域打碎、打散，然后采用放大、缩小、平移、镜像、扭转等方法重新组合成新的图形，这种方法呈现出来的图案更加灵活，同时可以将直线解构法和斜线解构法结合在一起来用。

三、曲线解构法

　　曲线解构法可分为规则曲线与不规则曲线两种，规则曲线在视觉上可以给人以温柔、优雅的特征，不规则曲线给人以灵活多变的特征，曲线解构法比较难掌握，在分区时容易找不到完整的单位元素，这样图案容易混乱，没有规律性，所以规则曲线和不规则曲线都需要将图案中的主元素进行提炼，再围绕主元素通过曲线分区，将其他元素打碎重组后形成新的图案。

四、元素简化法

　　图案设计可以从自然界中提取灵感，捕捉大自然中存在的规律，要以不同的视角去观察事物，比如平视、仰视、俯视等视角，并分析事物的外轮廓造型、内部结构、肌理纹样、色彩等特征，从中提取图案造型的关键词，然后进行归纳整理出主元素，并将这些主要元素进行精简，然后进行变形，比如放大、缩小、颠倒、镜像、扭曲等，同构重组成一个完整的图案。

化繁为简是图案设计的重要方法，一个图案设计作品是将构成元素有序或无序地组合在一起，设计形式的不同给人的视觉感受和情感表达也不同，只有不断对设计形式和方法进行验证，才能创造出优秀的图案，化繁为简，简单来说就是"线化"，将具象的物象通过简洁的线条表现出来，可以通过直线、曲线、斜线、射线、几何形体、符号来共同组合图形，化繁为简的过程也是图形不断提炼归纳的过程。

五、旧元素重组法

图案是一种视觉上强而有力的语言符号，它成为服装设计中文化和特色的重要表现形式，图案的风格各异，其解构方法也层出不穷，根据原有的元素的艺术规律和文化特征，以装饰审美为主，图案设计不是传统意义上的形体叠加，是以视觉为主题，充分发挥图案的解构魅力，并向人们传递解构主义理念，注重图案本身的趣味性，打破传统的图案元素，大胆创新，分解旧元素、简化旧元素，而不是对旧元素的再次模仿，应大胆取舍，去除多余的、无用的部分，保留有用的部分，在不断的变化和创新中，使图案设计更具个性。

第三章
解构主义服装的风格及构成方法

第一节 风格

解构主义服装的风格其实是一种风格的拼凑和泛化，在表现形式、工艺技术、材料运用等方面都是在跨国、跨民族、跨年代、跨历史的范围内进行全方位的吸收和组合，从古到今的时间跨度、从东方到西方的地域跨度，都成为解构主义设计的素材和手段，解构主义所承载的信息是泛化的，所呈现的风格也是折衷的、融合的和戏拟反讽的。

一、折衷

解构手法是复杂多变的，绝不是简单的肢解与拼接。解构需要在原有物体、素材等基础上，以一定目的对其原有架构或者原有存在的各种构成元素进行分解，然后再重新组合[46]。解构主义是一种反传统、反常规、反对称、反统一、反完整的不确定的风格，打破服装设计所有的风格，解构艺术是通过消除艺术风格本身来换取风格的最大化。传统艺术比解构艺术更具明确的风格特点，解构主义更多是一种回避的态度，是为了避免对风格加以界定，解构主义仍然保持着多元的态度，保持着对全球服饰文化的广泛影响，并从全世界的历史、文化、政治、社会等方面获取灵感，是对东西方传统着装的反叛，以逆向或发散思维对服装进行构思，将服装造型构成的基本元素进行拆解、分解、再组合而形成另一种服装样态。

解构主义对现代服装设计的历史发展有一定的推动作用，刚开始，解构主义思想与现代服装设计的造型和构成结构是相排斥的，无法被大众接受，随着经济的快速发展和人们生活水平的提高，再加上解构大师强有力地推动和名人效应等因素，人们这种排斥的动力越来越小、越来越弱，最后变成接受和追捧，虽然经历了很长一段时期，却在观念上取得了非常大的进步，同时，解构主义的服装风格也成为了主流时尚风格，犹如服装发展的两极。解构主义是开放的、无界限的，各民族、各时代、各历史阶段的艺术风格都可以不分高低贵贱地同时出现。传统的服装设计是首先确定服装设计的风格，然后通过设计语言和文化内涵与审美观念将概念性的东西以符号、图画的形式表现出来，也可以直接通过面料表现出来，解构主义的服装风格是没有标准和界限的，解构主义设计经常游离在各种风格之中，打破形式美的基本法则，将构成元素和部件打散后重新组合成一件不确定的独特的服装，至于风格可以是几种风格的集合体或模糊体。

折衷是解构主义一种典型的设计方法，设计师往往将不同地域、不同传统文化、不同民族、不同宗教、不同历史时期的服饰元素堆砌在一起，用一种无边界、无标准的模式，在中心与边缘之间存在的矛盾体中寻找设计的中心点，而这个中心点没有任何的倾向性，单纯的中性表达，用新的符号传达出来，同时在新符号产生的同时，便丧失掉原有的风格。

（一）性别的折衷

折衷主义是解构主义延续的形态，它没有自己独到的见解和立场，而是将多种不同的风格和思想观念无序地拼凑，无风格是折衷主义的显著特点，折衷主义兴起于建筑领域，融合不同风格的建筑形式成为折衷主义在建筑设计上的特点，它通过对风格的解构而使自身有更多元的艺术表现。折衷主义在服装设计中主要体现为对性别的折衷，传统服饰所表现出来的是女性的柔美和男性的阳刚，解构主义将这两者在性别上进行折衷，对性别界限模糊进而形成中性服装，用中性的语言去表达服装，将男性、女性各自的显著元素混搭在一起形成折衷的视觉感受，而这种中性风格却成为一种流行时尚。例如，将带有女性性别特征的图案和显示女性柔美的花卉图案印于男性服装上，并将飘逸性感的面料代替男性硬朗的面料；相反，女性服装可以采用男性硬朗的服装框架结构、西装造型、领带、军靴等带有男性标志的元素，性别的折衷设计就是将女性三维曲线、柔美装饰线条与男性棱角分明的硬朗线条模糊综合设计，呈现出的轮廓是相对简约、大方、利落的款式和造型。在图案设计上，大多选择可兼顾的中性图案，避免偏向任何一方，省略传统女性繁琐的细节，追求明快、简约的中性美。黑、白、灰的无彩色搭配是中性服装的主导色彩，但也会有视觉冲击性强的彩色搭配。Alexander Mc Queen 2009年春夏发布的男装系列采用中性设计，在男装上尽显女性的性感与妩媚，作品中出现大量印花图案、高腰设计，并搭配装饰腰带，给男性增添一种中性的美。人们的审美标准也不会单一地考虑性别特征，中性的风格已成为当下较为流行的设计元素，很多设计师从事中

图3-1　川久保玲2009年春夏男装

性的服装设计，在色彩、款式、面料上都可以让性别变得模糊起来，裙子也不再是女性的代名词，男性同样可以穿着。川久保玲2009年春夏男装发布了"男款裙子"，一条白色的半身裙搭配黑色的紧身长裤，如图3-1所示。还有从传统女性胸衣演变而来的马甲也非常具有中性特色，让人们感受到中性的魅力。

（二）"繁"与"简"的折衷

繁化与简化是折衷常见的设计手法。繁化是将多个元素重组，并使某个范式（所谓的范式就是可以作为典范的风格样式）的特征呈现繁琐的效果，有膨胀、丰富、添加的含义，可以突出某个经典的造型和款式。在繁化的折衷过程中，将某种元素反复排列、添加复杂的层次感和差异性。简化是将复杂的元素淡化、简化、减少的过程，复杂的多重线条模糊后形成单一的线条，复杂的图案抽象化，在表现上更加含蓄、精简，留白的空间比较大，使联想和参与感更强。

（三）强化与弱化的折衷

强化与弱化是相对而言的，强化就是在整体或局部的表现形式中将某一个特点或多个特点放大、加强，相对于弱化比较明显，相对集中，起到强调的作用，在多种风格和样式的前提下，更加突出经典的风格样式。弱化是强化的对立面，是将服装设计元素中强化后剩余的部分进行弱化处理，给人以内敛、模糊的视觉效果。如男性的西服，对于解构设计来说，西服可以在任何场合穿着，西服总是给人以稳重、庄重、挺括的感觉，可以矫正身体的不足，线条流畅，外部造型基本呈现筒形结构，这是中规中矩的西服设计。对于西服的折衷，可以从强化和弱化着手，例如，反驳领是一个典型的设计元素，可将其局部放大、夸张、颠覆反驳领的形状和构成结构，转移反驳领的位置，或者增加数量的排列，形成一定的体积感，在强化形体的同时，将色彩搭配采用强烈的视觉反差，从而形成新的款式，在强化的同时赋予一种戏剧化的效果。

弱化是将多种材质、元素、结构、造型、色彩等进行模糊化、综合化、碎片化处理，形成分散、简练的款式造型，比如香奈儿服装，在20世纪40年代推出了简洁、利落的裙装，将当时流行的复杂、繁琐的线条弱化，保留其中的几个基本线条，进行镶边的强化设计，其他标志性的元素均已弱化处理，在色彩上呈现出素雅的视觉效果。

（四）加法和减法的折衷

加法是服装解构设计中常用的方法之一。在折衷设计过程中，增加单一元素的数量、增加色彩的数量和面料的种类等，将会产生一定的量感和重叠排列的效果，通过加法将不同元素和风格的个体叠加在一起，增加的过程中筛选出优质的元素，将不合理的部分省略掉，折衷后形成新的款式。

减法是对繁复的元素进行简化和提炼，减掉多余的、不恰当的部分，保留适合的部分，使结构更加干净利落。例如一件正式的西服，将西服的一侧保留，另一侧与衬衫重组，形成不同的风格，将西服一侧的反驳领减掉、袖子减掉呈现一长一短，衣身上的口袋剪成不对称款式，或者采用镂空、抽丝、烂花、破洞等方式来表现。

二、融合

融合是通过对各个领域的相互渗透、溶解、调和、扩散，形成两个或多个元素、风格相交融的现象。融合是多元化的折衷方式，是将效果调节到最佳状态的过程。融合后的款式是在风格、造型、结构、功能上的优化设计，融合不代表失去原有的风格和特点，而是将多个优势找到共通的支点，在融合的同时凸显出设计师所要表达的主题。融合可以是东西方美的融合、传统与现代的融合，不同艺术领域的融合，在不断吸收和模仿传统的基础上，将经典文化和元素进行传承，同时与现代流行元素相融合、借鉴西方设计师的创意理念，面对不同地域文化、地域特征和传统习俗，在碰撞和包容中不断调整和改进，在保留原有框架的基础上，融合智能技术或高科技面料等，在创新的同时又可以突显原有的文化特征。融合式的折衷也是一种优化的服装设计方法，不是任何元素和材料都可以一同拼凑的，而是要在组合的过程中有所选择地吸收和剔除，使原有形态更加优化。比如对传统旗袍的融合式设计，旗袍是具有中国特色的传统服饰，有着悠久的历史，旗袍的融合设计可以中西合璧。首先提取旗袍的主要元素，立领、高开叉、斜襟、盘扣、包边等，旗袍的外部造型比较贴体，柔和的线条彰显东方女性的柔美和高雅，采用西方元素将传统旗袍进行改良，融入国际流行元素，将旗袍的长短、廓形进行融合设计，肩部和臀部采用夸张的S型曲线，前胸镂空露出性感的锁骨，强调包边元素，在色彩上采用强烈的反差，融合设计后的旗袍依然保留着原有的经典元素，只是在融合的过程中运用了夸张、加法、减法等设计方法，融合了多种元素，重组为另外一种更具有时尚感和前卫感的服装款式，如图3-2所示。

图3-2　Balenciaga作品

（一）同类融合法

在折衷设计中，有同类型、同类别的融合，服装领域的融合都属于同类融合，比如极简主义与解构主义服装风格的融合，现代主义与后现代主义服装风格的融合。同类融合也包含从属融合，一种类别在不断流行的过程中衍生出一些别的类别，这种主从关系也属于同类融合，如古典主义、新古典主义、泛古典主义。随着时间的流逝，不同的学者提出不同的观点，随着元素的不断增加，在剔除与吸收后，形成了新的从属关系，它具有时代的特点，同时又是一个不断渗透反思的过程。两种不同元素相互融合时，有几种可能：两种元素同时溶解，形成新的元素特征；或者提取两种元素的共同点，并将其强化；也可提取两种元素都缺少的特征，并将其放大，一种元素被模糊掉，从而凸显另一种元素。

（二）非同类融合法

非同类融合法就是将不同范畴、不同领域中相互关联或毫无关联的事物相互融合的过程,如服装设计与物联网、互联网相结合,服装除了可穿着外,还被赋予其他功能,如健康监控功能、防护功能、定位功能等,以多元化的视角在范围和跨度上进行全方位的组合,将多种功能融于一体,使服装成为兼容性的新型产品。非同类融合还表现在服装设计与建筑、广告、工业造型、媒体、平面设计等的融合。

融合强调元素与功能创新的设计,融合的过程也是设计师创新的过程,将事物的整体与部件、部件与部件进行融合,将单位元素与整体服装进行融合,将反传统的思维方式进行融合。如2007年秋冬Viktor & Rolf在巴黎时装发布会上发布了系列服装,如图3-3所示,这个系列的灵感来源于荷兰的民间服饰,传统披毯、条纹、格纹还有纯色的收口衬衫,服装除了穿在身体上的面料外,还有另外一个组成部分,在服装外通过铁架钢骨与肩、领连接起来,使服装的含义和范围有了视觉上的延伸,此时的服装概念也不是原始意义的服装,而是将周围的照明设备、钢骨等材质和服装共同组成了一个整体和延伸,

图3-3 Viktor & Rolf秋冬作品(2007年)

在T台上一并展示,打破了人们对服装的认知和传统概念的理解,在解构主义的世界里,一切皆有可能,可以是服装与几何形体的融合,也可以是与数字、字母的融合,如图3-4所示,2008年Viktor & Rol秋冬时装发布会,一件毛呢的灰色大衣与英文"NO""Dream"相融合,夸张的字母在彰显个性的同时,也将字母的立体感表现出来,将服装与立体构成融合在一起,在视觉上形成鲜明的反差对比。在细节处用金色的装饰线作明线迹处理,在体现整体夸张造型的同时,又不失细节的体现,既丰满又整体,让人们感受到解构服装的趣味感。周围所有的元素都可能成为设计的灵感,在融合创新的过程中,要坚定设计理念,将解构主义思想进行到底,用变化的视角去评判解构思想。

图3-4　Viktor & Rolf秋冬作品（2008年）

三、反讽与戏拟

后现代是对天性的解放、反省、回归的时期，是人与环境多元化共处的时代。70年代后期，解构主义从语言、建筑发展到文化艺术领域，以一种生活化的态度颠覆了高雅和传统，现代主义与解构主义对传统的态度完全不同，现代主义强调新秩序、自我的建立，但不会顾及传统，而解构主义是将传统进行筛选后，进行有效利用和采纳，然后用一种嘲讽、戏谑的形式将元素肢解，创造出与现代风格相反的一种风格。现代主义的理性使服装成为一种规范、常规模式的设计流行，现代主义是对人性的恢复，却不彰显个性，在这种无个性、模式化的情况下，反讽和戏拟的解构主义服装诞生了，见图3-5，Thom Browne "沃尔道夫的维纳斯"系列，强调的是强大的生殖能力。

（一）特点

反讽与戏拟是解构主义设计显著的风格特点，现代服装设计采用的是理性的设计手段，而解构主义服装采用的是调侃、非理性的方法，大多解构服装作品带有一定的反叛、讽刺、趣味的含义，詹克斯曾说过："这是一些清清楚楚的二元形态，既有规则形式，又有不规则的形式，既是一本正经的，又是随随便便的；既是类型清晰的，又是多种多样的。"解构主义服装不追求服装背后形而上的意义，而是通过反讽与戏拟的形式破坏掉传统服装所强调的常规、伦

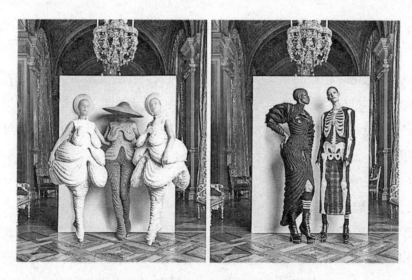

图3-5　Thom Browne "沃尔道夫的维纳斯"系列

理等束缚，并强调参与，强调人的参与性，追求残破的、滑稽的、怪诞的美，一步步成为当下人们对美的态度。一些国际服装品牌纷纷开始走反叛路线，比如让·保罗·戈尔捷、三宅一生、川久保玲、亚历山大·麦昆等知名设计师使品牌得到了很高的声誉度，所设计的产品十分走俏。反讽、戏拟的解构主义服装通过抽象、有趣、戏剧化的处理给人以最大化的想象空间，它可以让穿着者在持续紧张的环境中，不断对视觉进行刺激来使大脑更加清醒。20世纪60年代的嬉皮士和70年代的朋克，他们的叛逆、反传统、反社会的色彩通过着装搭配显现出来，与现代服装形成了鲜明的对立，体现了服装颓废、叛逆的一面，比如维维安·韦斯特伍德，她的作品所呈现出来的是一种荒诞的、古怪的、变态的、独创性很强的思想，特别是她早期的作品，有着强烈的朋克风格，打破了传统的服饰特点，用大胆、夸张的手法将不同材料混搭组合，确立了自己反讽、戏拟的服装风格，这样的风格却迎合了欧美颓废、叛逆的年轻人的钟爱。

　　解构主义更加倾向于无中心、无目的的虚无主义的创作观念，高雅与低俗之间的界限被模糊，解构主义设计师持有一种幽默、讽刺、超然的态度，将民族、历史、现实、宗教等要素纷纷肢解、重组，从而达到讽刺和戏谑传统的目的。这种反讽、戏拟的风格体现在支离破碎的、间断的、模糊的、不确定的、幽默的、随意的元素上。现代主义风格的设计采用简单机械的方式复制出多种形态，但缺少个性和生命力，而解构主义在反讽、戏拟的同时呼吁对自然环境的保护，用诙谐、轻松的方式质疑现代主义为人类社会带来的伤害，并将提倡"绿色设计"的口号，成为全球时尚界的焦点。反讽和戏拟风格的服装更加注重民族和地域特色，用不同的方式对待不同的需求，在宣扬文化的差异性和开放性的同时，更加注重变异性。

（二）表现手法

1. 嘲弄传统服装风格

无主题、无目的、无中心是解构主义服装设计的创作观。为了与传统服装呈现不同的设计理念和手法，嘲弄是设计师们常用的设计手段。嘲弄本身不需要严谨的构思和结构分析，只需用嘲弄、游戏的基本思想和即兴发挥就可以将大量元素组合在一起，有很强的随意性，世界万物都可以成为服装的组成部分，任何怪诞的想法和文字都是对服装进行改变。如将扑克牌重复粘贴，呈现一件有趣、嘲讽的服装，或者用勺子、叉子反复排列组合，形成一件晚宴的夹克，造型怪诞、夸张。1997年katherine hamnett春夏发布会上发布了一款套装具有戏拟、游行的经典作品，上半身是一件较为剪裁合体的上衣，下半身却用一条内裤来搭配，这样带有嘲讽意味的服装搭配形式在后来的几十年却成为了一种时尚，如图3-6所示，2017年的关键词是克制、繁衍、未来和希望，John Galliano面对气候问题和核问题面前做出抵抗，他选择一种积极的姿态来对抗所在的问题，给人以希望。形成裹身设计，外面灰色的面料象征着世界上存在的种种问题，而里面的面料则给人以希望，可以破茧成蝶，分解传统结构打破形式美法则。

（1）分解传统结构。传统的服装结构一般采用平面裁剪或者立体裁剪的形式，平面裁剪属于直线剪裁法，通常是前片、后面、袖片、领片组成，通过打褶、省道的手法使服装更加吻合三维的立体效果，来解决全方位的凹凸起伏的曲面关系。但解构主义服装却大量运用拼接、撕裂、破洞的方式将完整的衣片、肩线、袖子、领口、腰线进行结构上的破坏，将各个部位的位置进行错位和混搭，具有反讽、戏拟的风格特点。2001年Alexander McQueen春夏发布会上，以一部知名的电影《飞越疯人院》为灵感，将传统的T台改成关押精神病人

图3-6　John Galliano作品

的大玻璃房。所有的模特被困在玻璃房内，无法获得自由，强烈的反讽思想体现得淋漓尽致。

（2）破坏形式美法则。形式美法则是人类在创造美的形式和过程中对美的形式规律的经验总结和抽象概括。主要包括对称均衡、单纯唯一、调和对比、比例、节奏韵律和多样统一。研究、探索形式美的法则，能够培养人们对形式美的敏感度，指导人们更好地去创造美的事物。掌握形式美的法则，能够使人们更自觉地运用形式美的法则来表现美的内容，达到美的形式与美的内容高度统一[47]。自然界的所有事物都会呈现出规律，如色彩、线条、造型、声音等都有形式美的规律，在组合过程中会产生比例、对称、均衡、统一、调和等规律，如服装比例形式美是人们对服装比例协调的一种感受，它给人舒适美好的感觉。服装上下结构、内外关系等对比的数值达到了美的统一和协调，被称为比例美。以腰部为分割线，令人视觉舒适的最佳对比为3∶5或5∶8，即上衣为3，裙长为5或者上衣为3，裤长为8的比例关系。根据费波那奇数列阶梯渐变，在常规服装设计的实际应用中，归纳出最简单的方法，数值排列为1∶2∶3∶5∶8∶13∶21，即前两项之和等于第三项，渐变的比例关系也是逐渐形成规律的。而反讽、戏拟的服装风格恰恰颠覆了这些形式美的规律，将这些总结出的数列全部推翻，不按照黄金分割比例，从而形成随意的美。迪奥品牌在1999年的春夏发布会上发布了一款灰色西服，运用了反讽手法，颠覆了传统的着装习惯，把西服反过来穿着，裤子的分割比例也与传统的黄金分割比例大相径庭，采用无规则的比例，打破常规比例，追求较为悬殊的比例组合形式，富有极强的反讽个性与创意。

2. 以戏拟方式联接文化碎片

现代主义服装是一种认真的、庄重的、严肃的态度，而解构主义的服装设计持有一种不正经的、嘲讽现代主义的态度和立场，可以任意抨击、质疑和分解现代主义的设计元素，通过戏拟的方式进行组合。

（1）趣味性的调侃。戏拟的服装造型更加大胆逗趣，已脱离了原有的文化内涵和情景，用戏拟的形式将很多种元素混合，形成古怪的、另类的时尚风潮，如2008年时尚界吹来的"小丑风"，用一种幽默、前卫、复古、戏剧化的形式将戏拟的"小丑"元素提炼出来，色彩对比强烈的帽饰，夸张的大肩领，层叠感强的宽大袖子，肥大的裤管、妆容和动作齐上阵，通过皮毛来模拟小丑宽大的领饰，中长款的大衣与飘逸的红色雪纺长裤搭配，可以看出小丑的原型，Jone Galliano通过趣味性的造型将这次秀打造成了一场魔幻游乐园的情景，精湛的波边褶皱，大量宽松的雪纺薄纱，伴随着精致夸张的小丑妆容都是这次秀的亮点，通过趣味性的调侃将戏拟的解构风格彰显出来。

（2）结构上的破碎。现代服装有着完整的结构关系，结构部件之间是相互关联的，而解构主义服装的结构部件是毫无关联的，彼此之间没有任何逻辑关系，破碎的结构看不出整体的灵感来源和社会现象，解构主义服装设计师会通过不同的历史背景和元素将破碎的符号、图像通过碎片的形式表现出来。

（3）图案的反讽。在这个图案泛滥的年代，解构主义设计师对图案的设计肆无忌惮，污秽的标语，怪异的符号，某一个搞笑的景象通过打碎印染在服装面料上，生活中充实着各种各样的图案，设计师将传统的图案通过变形、错位、混搭、拼接、剪辑等形式运用在服装设计中，图案可以是将素材进行整合的，也可以是即兴发挥的，对图案的反讽也体现出对生活的态度，不同的人有着不同的情感和不同的关注点，所设计的图案也各不相同，在没有任何束缚和限制的前提下，所有的事物都有可能成为反讽设计的对象。

四、风格的泛化

现代主义的设计师因为有自己的设计风格和标志而感到骄傲,而解构主义设计师则因为风格的模糊和残缺而特立独行,在宽泛的素材中不断地摄取营养。任何元素都可以成为服装的主题,但风格却不统一,是模糊不清的,可以是东西方传统文化的对比、可以是某个历史时期的服饰元素特征,也可以是来自未来主义的风格特点,解构主义的泛化是把大量综合性的元素组成模糊的风格。

(一)作品构思的模糊

现代服装的设计大多有明确的主题,会围绕这个主题进行构思,构思的过程也是非常清晰明了的,而对于解构主义服装设计师来说,设计的主题和意图并没有清晰的脉络,很多是即兴发挥的,或者多个主题,不同经历的设计师视觉角度各不相同,对事物或突发事件的过滤会产生意想不到的效果,比如冷漠的、幽默诙谐的、浪漫的、温柔的视角,可以体现消费者的主观能动性,他们有权利参与到服装设计中去,可以通过场合的转换从而改变服装的款式,通过参与形式将人们内心所隐藏的渴望和向往表现出来,当服装没有任何束缚时,作品所表达的是一种随性的心理状态,更加自由地去选择所喜欢的服装,是让艺术更加大众化的呈现。

服装设计的风格是有限的,彼此之间有一定的必然联系和逻辑关系,解构主义将过去、现在、未来的承接关系和时间的前后顺序打乱,呈现出多面性、折衷性和双重性等特点。在面对过去的同时又将超越它,呈现出设计的两面性,在对传统进行构思的过程中,选择和重组是对传统的整合和折衷,在未来的构思中怀有过去某个点的痕迹,未来是从过去和现在的综合中走过来的,是一种开放性的时间观念,倡导构建服装与人、人与世界的构成关系。

(二)创作手法的多样性

解构主义服装设计的跨度比较广,各个民族、各个地域、各个历史时期、各个艺术流派的设计手法多种多样,并不是为了恢复传统服饰文化,也不是彰显理性的设计精神,而是想通过多样的设计手法来丰富服饰所经历的历史经验和技术,比如剪裁手法、传统手工制作、手工编织与高科技技术结合在一起,将过去和未来、中心与边缘、主流与支流等两者合并或借鉴的创作手法,并不需要某个单一的设计主导来实现对现代服装墨守成规的反叛,一方面创作来源于古典、传统服饰的元素,另一方面却打破传统服饰的内在观念和道德,解构主义消解深层的情感模式,实现多元的创作手法,比如将古典、现代、民族服饰与高科技手段组合在一起,同时又体现出解构主义通过肢解不同风格进而使艺术表现力呈现多样性,对元素和风格的解构完全是开放的,包容的,风格的泛化也是避免艺术流派之间的争斗。

(三)地位的转换

对于风格来说,不同的风格给人以不同的视觉感受和文化涵义,风格泛化的地位是由边缘慢慢变成了中心,地位的转换也说明了服装风格的流行在不断地整合地位,所处的位置不是一成不变的,而是随着时间的推移和人们对审美标准的改变而发生变化,当大多数人接受并得到共识后,边缘的位置也必将受到影响,当人们的关注越来越少时,中心的地位也会转移到边缘,再好的设计作品,如果人们对其没有意识上的投射,作品不能被感知、认可、批判,那么他的设计是无意义的,现代服装的设计风格往往是渴望被世人认可的,严肃的、合理的、有秩序的,有价值的,而解构主义往往追求的不是被认可,而是被质疑或批判,呈现出无目的、无秩序、荒诞轻浮的状态,但有很多被质疑和批判的作品最终成为了经典,与设计之初的离经叛道形成了鲜明对比。

现代服装设计是一个中心化的实践,而解构主义服装设计是一个非中心、无主体的实践,呈现出分散、肢解的状态,在解构主义时期,高雅文化与低俗文化的界限被模糊,解构思想是对主流艺术的反叛,打破权威与经典的主流文化,更倾向于随心所欲地发泄,绝不刻意去追求风格的单一化,而是要突破现有的风格特点。传统的服装风格正在不断被消解和替换,服装不再有主流与支流的明确界限,而是取决于消费者对服装的判定。

(四)反理性的创作

在解构主义服装设计中,很大一部分是反理性的创作,解构主义设计师没有像现代服装设计师那样按部就班地按照某一个风格去搜集前期素材,按照一定的模式理性地去思考,而是通过偶然的灵感闪现即兴创作一件作品,在现代服装的基础上摆脱传统服饰的束缚和限制,将杂乱无章的风格偶然地重组,无论是什么领域,什么类型的素材都可以按照自己的灵感通过有序或无序的重新组合，它是一种反理性的创作模式。20世纪80年代，各个流派开始竞争、批判、否定后，开始从共处中不断分裂和重组，形成新的流派，反理性的创作是附着在理性创作基础上的，它打破确定性、中心性和历时性，反理性有着即兴的、缺少文化负担的特征。

第二节　解构主义服装设计的方法

在解构主义服装应用的过程中，首先要对设计元素、造型、色彩、材料等进行综合性考量，这种解开后再构成的形式需要通过一定的规律和方法将其表现出来，在早期的构思过程中，要不断地调整方案才能达到最佳状态，虽然没有按照传统的形式美法则对设计进行主导，但解构主义应用在服装设计中存在着一定的构成规律，将规律进行提炼后，总结出解构主义服装设计的基本方法。本书提出服装解构设计的七种基本方法，包括夸张法、拼贴法、重复法、拆卸组合法、转换法、交互法和附着法等，使服装在打破传统思想和传统设计模式上有一定的突破，赋予服装不同的使命和角色。

一、夸张法

（一）基本概念

对夸张的概念的界定众说纷纭，刘晓刚曾说过，夸张即运用丰富的想象力来扩大事物本身的某些特征，是增强事物表现效果的方法，服装设计常采用夸张来展现设计的趣味性[48]。也有人说夸张是一种故意"言过其实"的修辞手法。具体来说，就是要把所要描写的人、事、物的特点，透过作者主观情意的自然流露，加以夸大或缩小来描述形容，使它和真正的事实相差更远[49]。作为解构服装设计方法的夸张其实就是一种强化设计，把设计对象最具特色的点加以强调，把隐藏的内在因素表现出来，把平淡的、细小的元素进行放大和突显，使服装造型产生一种前所未有的视觉效果。夸张同时也是解构主义设计师最常用的手法，就是指在分解的过程中，将其中某个设计点放大，进而在体积、数量、大小、长短、疏密等方面与人们所熟悉的常规造型结构形成较大的反差。夸张局部可以使整体形态有较大幅度的改变。夸张的形式多种多样，如在数量上进行夸张,或者在形态上、比例上、某个情景上进行夸张。夸张的方式不仅是在加法上对某一个单元的数量进行夸张,还可以用在某一个部位做夸张的减法,并将常规意识的收放形态进行相反的夸张,颠覆人们以往的常规认识。

(二)特点

著名的日本解构主义服装设计大师川久保玲常常用夸张的手法对传统服饰进行解构,她将日本的残缺美学原理与西方美学共同结合在一起,重新拆解后,对传统的服装结构进行解构,在东西方传统的美学理论基础上注入了新鲜的血液,1997年春夏巴黎时装发布会,她的"Dress Meets Body"系列设计将服装的外轮廓与人体的外轮廓合二为一,形成一种创新的外轮廓造型,如图3-7所示,"Lumps块状填充物"在女性背部和臀部同时夸张凸起,使模特看起来像病态的、不正常的体型,背部有一个巨形肿块,或者前身填充鼓包使模特看起来又像孕妇,这样的塑性设计深受西方建筑与雕塑的影响,通过对常规部位进行反向的夸张会达到前所未有的效果,在腰部和臀部以下的线条采取"收"的手法,通过这种异常的S型曲线改变女性基本的形体特征,对女性的外轮廓进行了解开和再构成。她打破了服装设计的惯有模式,她的创意构思是对常规模式的破坏与肢解,服装的外轮廓造型不再强调对人体S型曲线的常态化设计,而是更加追求对人体自由的把控、对S型曲线的破坏与拆解以及重组的异常设计。

图3-7 川久保玲的作品(1997年)

1. 放大夸张

放大夸张是将客观事物设计成"大、多、深、高、强"的夸张手法。在服装造型设计中,夸张分为整体夸张和局部夸张两部分,整体夸张是在服装整体外轮廓造型上进行夸张,而局部夸张是在服装局部位置上进行夸张[50]。如图3-8所示,Dior的设计作品传达了不受束缚的轮廓造型,强调一种自由的穿搭状态,运用夸张的手法将强化与弱化形成鲜明的对比,在展现独特美的同时可以释放某种设计的能量，打破肩、领的常规线条，用夸张的X型轮廓异常化设计，"收"的焦点下移，使视线焦点转移，同时夸张肩部的流线线条，让整体服装呈现倒三角造型，并且在服装的层次上注重层叠关系，这种多层次组合、围裹关系的处理技巧，充分体现出宽大、蓬松的视觉效果，有一种前卫另类的时尚感。2005年Viktor & Rolf秋冬发布的系列设计前卫，大胆，用夸张的手法将人们睡觉的状态平移到T台上，人体、枕头和被子的关系通过解构的形式重组在一起，将局部进行夸张，是解构主义思想的生动体现，如图3-9所示。

图3-8　Dior秋冬作品（2005年）　　图3-9　Viktor & Rolf秋冬作品（2005年）

2. 缩小夸张

缩小夸张是将客观事物设计为"小、少、浅、低、弱"的夸张形式，在服装解构设计中[51]，缩小夸张也分为整体缩小和部分缩小两方面。如打破常规的腰臀差或将腰部缩小夸张比例，打破常规的腰部维度，缩小服装臀部的维度，在常规的放松量上进行缩小，呈现外轮廓窄小和紧贴的视觉效果，使整体服装的焦点集中在某一个缩小夸张的局部上。

（三）表现形式

夸张的表现形式主要体现在点、线、面和体的设计上，可以单独在某一方面夸张，也可以将点、线、面、体共同结合在一起共同夸张，其表现形式多种多样。设计师要分析人体的结构特点和运动对服装产生的基本变化，把握好服装的色彩和面料的应用。

1. 点

点在服装设计中是最小的元素，同时也是最简洁、最活跃的元素，它可以集中人的视线，引起人的注意。点是夸张设计中不可缺少的一部分，点的重复排列可以产生节奏感，点可以协调整体，也可以打散整体布局，点的夸张是将元素放大，它是相对于服装整体而言的，可以对集中的点和分散的点进行夸张，如图3-10所示。具体表现形式如下。

图3-10　hussein chalayan作品

（1）点的数量。通过数量的夸张，使每个单一的点形成多点排列组合的形式，可以是面积相等的点和面积不等的点，面积相等的点有整齐感和秩序感，面积不等的点在统一中富有变化，点的排列可以强化服装的细节设计，给人以分散、活泼、醒目的效果。

（2）点的厚度。平面的点在服装造型中是比较平薄的、厚度不大的，这类点看上去比较规整、平贴、秀气；有一定厚度的点就如同浮雕效果，可以有一定的肌理变化，在夸张设计中常用到这种浮雕的表现手法。

（3）点的形状。点的形状不单单是圆形的，它可以是任意形状，没有固定的外轮廓要求，可以是规则的，也可以是不规则的，往往给人以集中、怪诞的视觉效果。

（4）点的大小。点的大小可以通过夸张的程度进行调整，可以是整体呈现一个点的大小,也可以是某一个局部为一个点而设计,在构成点的同时可以是单点设计也可以是复合点设计。

(5)点的体化。立体的点是指厚度较大、有一定体积感的点,立体的点在制作时通常会使用扭曲、翻折、褶裥、层层粘贴或者增加填充物等手法做出多种造型。

(6)点的位置。点可以局部装饰在领口、肩部、胸部、袖口、底摆等主要部位,形成点的聚集。点的位置的调整可以改变整体与局部的比例关系。

2. 线

线是点运动所留下的轨迹,点是构成线的基础,线是构成面的基础,同时也是构成服装造型设计的基本要素,对线的夸张设计直接影响服装的整体造型,根据所起的作用,可分为轮廓线、结构线、分割线和装饰线等。同其他设计元素一样,服装中的线也具有丰富的意义和变化形式。线大体分为水平线、垂直线、曲线、虚线等,如图3-11所示。具体表现形式如下。

图3-11 三宅一生(Issey Miyake)作品

(1)水平线。水平线给人以横向的延伸感和扩张感,在平行的空间中有广阔、平静、运动的视觉效果,将水平线进行夸张设计,可以在长度、间隔距离、水平线的色彩和材料等方面进行颠覆传统的设计。

（2）垂直线。垂直线相比水平线更加硬朗，在视觉上会产生纵向的延伸感，在夸张的同时可以颠覆传统的男性阳刚之美，通过对垂直线的夸张设计，可产生错乱和跳跃感。

（3）曲线。曲线是柔美的线条，传统的女装经常会用到曲线设计，但由于解构主义设计的反叛性，运用曲线也可以打破这种柔美感，而给人迷乱、混乱的感觉。

（4）虚线。虚线在形成过程中会产生线的虚实关系，一方面是线条本身的虚实，另一方面是由于面料的厚薄透叠感。当面料轻薄透明时，线条就会给人"虚"的感觉。

线的变化比较丰富，线向的变化、线形的变化和排列的变化都会使服装的整体结构发生改变。在解构服装设计中，褶经常成为被夸张的对象，波浪褶又是曲线的典型代表，所以波浪褶独特的解构造型特点通过长度、宽度、角度的拓展，以层叠、堆积、排列、围绕等方法达到一定的体量感，呈现夸张的效果，波浪褶的夸张充满韵律感，波浪褶经常用在袖子、领子、底摆、裙子等部位，并通过错位、转移、扭转、变化等手法将波浪褶呈现出韵律、节奏、跳跃的状态，从而进一步打破对点、线、面、体的常规设计。

3. 面

在服装设计中，面的设计范围较广并具有一定的量感，在形式美法则中占有较重要的位置。服装的轮廓线、结构线、分割线对服装材料的不同切割所形成的形状都是面，服装是由许多面缝合而成的。服装造型的夸张设计很重视面的特性，如图3–12所示，不同特性的夸张设计能使服装产生不同的风格。

图3–12 川久保玲的解构风"乞丐装"

面是线的运动轨迹，线是面形成的基础，它具有一定的广度和二维空间，一般通过放大、缩小、增加、削减等手法，对面的位置和比例关系做相应的调整和补充，如面的分割数量、面积的大小、细节的装饰等。同时在缩小和减掉的位置做相应的补充，服装对面的夸张设计是多种曲面重组的立体形式，基本表现形式如下。

（1）夸张面的外观。在传统造型设计中，面具有多种多样的外观形态，基本包括矩形、三角形、圆形等。单一的几何形体给人简洁明快的感觉，几何形体的分布、大小和位置不同，能赋予服装不同的视觉感受，如矩形的面给人稳定、庄重的感觉；三角形的面给人以棱角分明的感觉，正三角形给人稳定感和协调感，而倒三角形则给人颠倒、不稳定感；圆形给人集中感、动感等。根据不同的主题，将色彩搭配和面料组合起来并协调统一，如果夸张面的外观可以从基本形体的变形入手，将面和面相加或相减，形成不规则的面，再将不规则的面放大或者缩小，从而改变服装的整体效果。夸张面往往给人复杂、自由、天马行空的感觉，可以根据设计师的构思设计出多样外观形态的夸张面。

（2）夸张面的重叠。面的重叠是指面和面之间呈现出层层叠压、覆盖的状态，重叠的色彩可以是同色系的也可以是不同色系的，重叠的组合形式可以使服装产生体量感和扩张感。进行夸张设计时，可以在重叠的数量、厚度、层与层之间的距离上进行夸张，同时也可以在色彩反差对比上进行夸张处理，形成视觉上的分层。从服装的基本结构出发，用夸张的设计方法对面与面之间进行重复堆叠、穿插的组合，形成具有雕塑感的视觉效果。

（3）夸张面的虚实。面的虚实可以通过服装呈现的清晰与模糊的关系表现出来，服装有了虚实关系才会更有层次感和空间感，在艺术的创作过程中注重虚实的变换，比如明暗虚实、主次虚实、远近虚实以及转折虚实。在夸张设计中，对面的虚实关系的夸张设计往往体现在对比上，通过材料质感的夸张对比来突出这种虚实的变化，虚面一般是采用较通透、多层次的材料，面的界限和肌理都比较模糊，不够清晰，而实面则采用比较厚重、层次少的材料，所呈现的肌理外观清晰。

（4）夸张面的误差。传统服装一般是以一条中心线为中轴形成结构相同、面积相等、装饰相同的左右面或上下面。对称的服装以男装居多，给人庄严、稳重、正式的感觉，但同时也给人单一、乏味、呆板的感觉，所以有些服装会打破对称，消解中心轴，形成结构上均衡但不对称的设计，而对于解构的夸张设计手法，不仅要打破中心轴，还需要将面的误差加大，彻底打破面与各个元素的均衡关系，完全不追求主观的和谐统一，批判和反对所有常规的设计模式和构思，使平静的服装形态转化为动态要素，形成一定的运动感和倾斜感，破坏面与面之间的层次关系，重新赋予服装夸张的层次感和时尚感。

4. 体

体是面的运动形成的轨迹，体是具有一定广度和深度的三维空间。体是长度、广度、深度的交汇，同时也是点、线、面的综合。

在服装造型设计中，立体构成形式由点、线、面组成的任何形态和体的集积，如图3-13所示。

图3-13　Paco Rabanne面的体化作品

（1）点的立体构成。在服装造型设计中，点以立体的形态出现，一般是一些单独存在的立体装饰物，如浮花、纽扣、提包、鞋、帽等。

（2）线的立体构成。在服装造型设计中，线以立体的形态出现，一般是不同材质的线的集积、组合构成的立体。

（3）面的立体构成。

①平面的立体构成。面的折转、面与面的组合，可构成各种立体造型。任选一块面料，以中心为轴，用设定的长度为半径画圆，将圆形切割后拉起，就会产生波浪形起伏变化的立体形。变化轴心的位置或改变切割面积的大小，回转产生的立体效果都会随之改变[52]。

②曲面的立体构成　曲面的立体构成一般包括连续曲面构成、薄壳构成、

单位平面的黏合，即多种几何形体的平面衣料，通过切割、旋转、缠绕等方式产生凹凸起伏的立体效果。

（4）体的集积。各种立体的形状，经过重叠、组合、排列构成体的集积。服装是以人体为基础的立体造型，衣料裁片按结构线缝合成体，再由各部分体的集积组合成适身合体的服装造型，这一过程体现了服装的立体化构成。

二、拼贴法

（一）概念和特点

拼贴是一个从方法论角度看待解构主义而产生的名词。后现代主义的生力军之一便是由法国哲学家德里达主张并创立的解构主义，用以重新解读、定义、批判受瑞士语言学家索绪尔影响的结构主义[53]。拼贴法是解构主义服装设计常用的方法之一，将某一单位元素打散后，从色彩、结构、材料、图案等方面将碎片化的元素重新穿插组合，形成既有实用功能，又有装饰功能的服装，使服装中的点、线、面、体都产生新的外观形态，而这种拼贴的关系就是各种元素的再组合，在拼贴的过程中，不仅要考虑单位元素的特点，还要考虑服装的整体效果，明确服装通过拼贴后所构成的规律，只有各个元素与整体相互协调才能设计出生动的作品，如图3-14所示，这是Martin Margiela的设计作

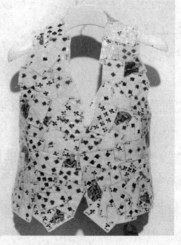

图3-14　Martin Margiela——扑克牌的再生

品——扑克牌的再生，扑克牌是单位元素，按照一定的规律采用拼贴的方法，设计出一款独特的、怪诞的服装，每一个元素都是单独的个体，而多个个体之间通过拼贴又形成了一个整体，局部与整体之间相互关联、相互影响。

（二）表现形式

1. 构图

在进行拼贴之前，首先要确定材料是不是需要进行切割，如需切割，就需要确定大小、数量和基本的形状，大体分为规则的几何形体和不规则的几何形体，规则的几何形体包括正方形、圆形、三角形、梯形、菱形等。如果是规则的几何形体，也分为规则和不规则的两种拼贴形式，可根据某一特定的图形按照一定的规律拼贴而成，也可将多个图形随意打散然后再进行无规律拼贴，不追求协调和统一。在解构服装设计中，很多构图是无意识的，是由不规则的几何形体，不同的图案、不同的大小和材料通过无序的、杂乱无章的、颠三倒四的排列，面与面之间、面与体之间通过无序的、夸张的接缝彰显出来，打破传统构图的顺序和规律，将表面的结构打散，呈现出一种毫无规律可言的构图形式。解构主义往往会肢解服装本身的常规结构，然后再进行碎片的重组和建构，在解构主义服装设计中的拼贴，通常会模糊肩线、领口线、腰线、侧缝线、袖笼弧线、门襟线等轮廓线、结构线和装饰线，在服装各局部之间进行无规则的任意拼贴，这是建立在传统构图的基础上，采取不同部位的错位、扭转等方法进行创新性拼贴构图，进而改变服装的常规形态。

2. 工艺形式

拼贴是一种工艺技法，以缝纫和装饰为主，通过手缝、机缝、补贴、胶粘、堆绣、皱褶、刺绣、编织等方法或通过纽扣、拉链、魔术贴等形式连接，对传统服装进行解构设计一般采取手缝的形式，给人质朴、纯粹、民间的视觉感受，但工时比较长。手缝的工艺技法多种多样，比如平针缝、回形针缝、三角针缝、包边缝、绗缝等，而机缝的缝法更加丰富，但相对于手缝来说较死板。为了使服装有更多的元素呈现，会将多种拼贴工艺共同结合起来，将整齐的针脚和布边打碎，形成毛边、破洞、针迹模糊、做旧、无接缝、非常规接缝等形态，缝合线多种多样，可以打破传统的线的概念，重新赋予多元化的材质，可以选择别针、纽扣、挂钩、拉链和金属丝作为缝合连接的工具，这是对传统接缝工艺的反叛，如将不规则的材料打散后，通过保留毛边的形式将其重新组合拼贴，在拼贴的过程中可以增加不同的材料和填充辅料，也可以采用褶皱、镂空、撕裂、包边、补贴、刺绣等手法对传统面料进行再造，并且任何材料都可以成为拼贴的工具，将拼贴最大化地展现出来。

（三）方法

1. 线

拼贴服装的线迹主要以分割线和褶皱线等装饰线为主，是面料拼贴后留下的痕迹。在解构主义服装设计中，无序的拼贴方法已打破和分解了传统服装结构线条，面与面的拼贴后产生的线条大多属于装饰性线条，为了产生强烈的视觉冲击力，明迹线常采用与面料对比强烈的色彩加以区分和强调，明迹线可以是抽象的表现手法，也可以是具象的夸张手法，虽然拼贴的线条随意、自由，但却能彰显个性。

2. 面

拼贴由面和面组合而成，整面主要包括前片、后片、袖片、领片等，解构主义服装可将整面打散，形成形状规则的面和不规则的面，面与面的拼贴可以是相同色彩和不同色彩、相同面料和不同面料、相同形状和不同形状、相同图案和不同图案之间进行拼贴，基本方法可采取层叠拼贴、交错拼贴、错位拼贴等方法从而产生视觉上的混乱。而这种混乱不是随意的，而是专门的、精心设计的结果，在杂乱的拼贴中充满艺术美感。

3. 体

解构主义服装大多以立体裁剪的方法为主，十分重视对体的诠释，体给人强烈的体量感，是面与面的组合，通过面料的体化、堆积、抽褶等手法处理后形成层次分明、立体化的效果。将分解的面料拼贴成圆柱体、正方体、长方体等规则的形体，与服装结合在一起，产生一种具有建筑雕塑感的服装造型，打破和分解传统的平面造型，支离破碎的立体造型为服装增添更多的可能性，给设计带来最大化的想象空间。

三、重复法

重复法是解构主义服装设计常用的方法之一，是指某个元素在服装设计中反复出现，形成一定的规律和节奏，使原本静止的服装结构通过重复呈现出动感，并丰富服装的基本结构和外部轮廓造型。单一元素的重复可以是形态相同的重复，也可以将基本形态进行变异后再重复。重复法更像是一种建筑方法，一层一层不断地累加形成一个整体，其构成要素具有一定的排列规律，并同时可以与其他方法叠加使用，将原来的传统服装经过解构手法重新组合后，形成独具特色的服装造型。它不仅是设计师对美学和创意思维的理解，更将服装与人之间形成了紧密的关联，将人的不同性格通过服装款式的变化和造型所涵盖的意义发挥出来，无论在心理上还是视觉上都赋予了最大的肯定。图3-15所示是Viktor Rolf的设计作品，左图是将领子作为单一元素进行重复，在重复堆积的过程中，增加了服装的体积感和重塑性，将肩部的常规线条和位置消解掉，平行上移，并在领口处形成堆叠的视觉感，同时运用夸张的设计方法，将领子的轮廓造型夸张；右图也将镂空的单一元素进行重复排列，将服装的整体打碎，形成未完成的服装，在稳定和整体感上进行打破和颠覆，再将这些碎片形成精心设计的服装作品，并在分解重组上增添了服装的流动感，赋予了服装新的意义。

图3-15　Viktor Rolf作品

重复分为有规律和无规律两种重复方法。有规律的重复是将某一元素反复出现三次以上，重复的间隔具有的一定的规律，形成视觉上的韵律感；无规律的重复是将某一单位元素在间隔、方向、形状、位置等各异的情况下进行反复,即使大小和形状相同,但由于方向各异,所产生的韵律更加灵活多变。有规律的重复经常出现在常规的服装设计中,而解构主义服装的设计则会呈现出重复元素的数量和体积最悬殊的比例,并且所重复的位置也是一反常态的,最大化突破人体局限和传统的视觉比例,通过重复法使解构主义服装富有更强的视觉反差。

四、拆卸组合法

拆卸组合法是将服装的整体或局部拆开、分解,以呈现独立的部件,部件与部件之间、部件与整体之间可以相互关联,再分析服装原有的结构基础线条与组合后线条的关系,确定服装的开口处,如领子、袖子、下摆、门襟等位置,采用一些辅料,如纽扣、拉链、魔术贴、绳带等,将分解的部位无序或有序地连接在一起,解构主义是对结构主义的一种片面发展,通过内部部件的拆卸将服装功能呈现多样化[54]。局部拆卸可以模糊服装的轮廓线、结构线和装饰线,并相互转化,同时通过一些辅料,如拉链、绳带、扣子等重新组合起来,打破原有的服装样貌,就如同把那些对称的、有规律的、格式化的东西,用拆卸的方法使它变成不对称、无规律和非格式化[55],部件拆卸后给服装带来不同的视觉效果和功能的转化。将常规的服装部件打散后,转移部件所处的位置和空间,再进行全新的组合,打破常规的思维模式,在部件的打散过程中,变化越大,最后呈现的服装与原有的服装的反差就越大。原有的服装所涵盖的意义在被打散的同时也被消解掉。拆卸组合法可以赋予穿着者不同的穿法,在拆卸和重组的过程中,使服装从一种功能解放出来,呈现多变的造型,是对设计思路的拓展,使人体与服装呈现更加自由的状态,可以切换不同场合所需要的服装,适应性更高,满足人们日益增长的多元化服装的需求。

五、转换法

转换法是灵活多变的解构主义服装设计方法,它是将两个或多个不同的部位通过交替、转移的形式进行部件之间的转换,大体分为三种方法。

1. 转换长短

对长短的转换是将服装某个局部或整体的长度进行拆卸、翻折、堆积等，使长度变短或拉长[56]，这是最简易的转换方法，如长裤、短裤的转换，长袖、短袖的转换，长款服装与短款服装的转换，可以直接拉长后缩短，形成多变的服装样式。

2. 转换维度

如果说转换长短是对纵向的转换，那么维度的转换就是横向的转换，也可以说是松紧的转换，将原有的维度通过抽绳，或扣扣的形式收缩，改变原有的维度。服装可以随意放大和收紧，是最常见的转换方法。抽绳的数量和方向可以任意改变，收缩的程度直接影响服装整体的造型效果[57]。

3. 转换开口位置

转换开口的位置是指将服装开口处进行任意改变，服装某一个局部的开口可以是其他部件共同开口的位置[58]，如领口、裤口、门襟、袖口等。由于开口的位置发生了变化，所呈现的款式和品类也就相应变化。可以是同属性的转换，如上装与下装通过开口的位置转换而相互转化，或是将前片或后片的结构造型、色彩、面料相互转换；正面和背面可以互换，由于开口位置和支点几乎相同，所以只需要将袖山弧度和领口深度考虑进去即可，穿着者通过互换达到款式多变的目的。除了上装和下装、正面和背面的转换，还有正面和侧面的转换，内与外的转换。转换法也可以针对不同属性进行转换，如服装与包之间的转换，这是以功能为主、以装饰为辅的设计方法。

（1）服装与服装之间的转换。服装衣身与裙子之间的转换可以通过结构线进行，如图3-16所示，将上衣原型的领口线和肩斜线转换为裙原型的腰节线，而上衣原型的袖笼弧线转换为裙原型的侧缝线，转换后衣身和裙子就可以互换，形式简单易操作，同时增加服装的功能性和趣味感。

（2）服装与饰品之间的转换。服装与饰品之间的转换要复杂一些，拆卸组合法、转换法相结合可以应用到服装功能性的转换中，主要是对服装开口的转换，如包的开口可以与服装的领口转换，服装的下摆可以与包的底部转换。转换过程中应注意开口的维度是否符合人体的维度。这样的转换越来越符合现代人对审美和服装功能多样性的需求。

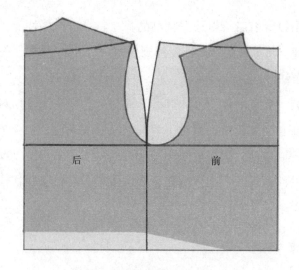

图3-16 衣身与裙子转换的示意图

六、交互法

著名设计公司IDEO的创始人比尔·莫格里奇（Bill Moggridge）指出：数字技术已经改变了人和产品之间的交互方式，信息时代交互产品的设计不只是以造型为主的活动，不再只是设计出精美或实用的物体，设计应更关注人们使用产品的过程[59]。这是交互设计的真谛，不追求设计的结果，而在乎设计的过程，交互法的关注点就在于设计师与穿着者的共同参与过程，打破了常规被动穿着的结果，强调参与的过程，将人们多感官体验充分发挥出来，使每一个穿着者都可以成为设计师。交互法主要应用在对功能解构的服装设计上，款式的多变由服装设计师完成所有的可能性，然后再由消费者去完成所有的变化过程，大体通过围裹法和扣合法的形式来完成。

（一）围裹法

围裹法的雏形应该追溯到古罗马、古希腊时期经典的围裹性服装，利用宽幅面料对人体进行围裹，这种形式富有多变性，每次围裹的结果都会有一定的差异，解构主义的服装设计就是要利用这种差异使服装产生不同的造型和功能，面料一般采用具有一定弹性的面料，这样自由度和舒适性都会有所提高；首先设定好面料的长度和预留的长度，然后运用系、扎、交叉、缠裹等方法将面料集中在人体的支点，如颈、肩、腰等部位。围裹法比较随意，所展现的款式比较多变，所以穿着者可以根据自己的身材特点进行多种变化，同时与设计师可以互动沟通，将款式的多样性发挥到极致。

（二）扣合法

常规的服装一般有一种扣合的方法，即扣与扣眼之间是相对应的关系，但纽扣之间不能相互交叉转换，而对于解构主义服装来说，扣合法是服装设计的一种常用技法，而设计的亮点集中在扣合的面料大小、长度以及扣合的数量和位置，当扣合的面积较大，扣合的数量和位置增多时，服装款式变化的空间就会加大，穿着者穿搭变化的可能性就越大。

七、附着法

（一）同类附着

附着法指的是在原有的结构上，赋予一些新的功能性附件，并根据穿着者自身的需求安装或拆卸添加的附件，当服装与附件合并后便于携带。附着法主要体现在功能的转换上，在服装基本的功能外并附带饰品的功能。如当消费者穿着服装感觉闷热的时候，会直接将外套脱下，而传统服装脱下后与身体基本没有任何关联，而解构服装会通过饰品的形式挂于身体上，就如同背包的设计，将背包带的功能注入服装中，将背带元素与服装结合在一起，形成新的整体和中心，包带形成服装的组成部分，增加了服装的功能性，方便快捷。使人们更加便利地使用服装。

（二）智能附着

可穿戴的智能服装也是近年来的研究热点，将原有服装的中心打散，结合计算机技术、通信技术、互联网、物联网等技术赋予服装不同的功能，以"以人为本"的思想为基础设计出可穿戴的智能产品。随着科技的飞速发展，智能技术与人们的日常生活结合得越来越紧密，人们对服装的安全性要求也就越来越高，以智能校服为例，结合互联网技术及卫星技术，设计出安全性更强的智能化校服。

第四章

解构主义服装设计师

人们很早就意识到艺术是文化最重要的表现形式。无论是文学领域、科技领域、建筑领域还是服装设计领域，都是一个民族和群体在某一个时期对人类文化的理解程度。服装与时尚结合非常紧密，时尚的变化首先会在服装上体现出来，服装就是时尚的一面镜子。服装设计师不断对解构主义进行创新研究和设计，解构主义服装被一次又一次推到时尚的风口浪尖上，他们是时尚潮流的引领者和带头人，解构主义是汇集俗与雅、虚与实、中心与边缘、完整与不确定等对立元素，可以从设计师的作品中寻找他们对解构主义理念的诠释。

解构主义是一门多元化的哲学艺术，服装作为解构主义的研究对象，它的任何部位和细节都可以进行解构重组，解构主义在服装领域能获得如此大的成就，与解构主义服装大师有密切关系，如日本的服装设计大师三宅一生、川久保龄和山本耀司，他们将东西方的哲学、美学原理融会贯通后，重新找到服装设计的焦点，从而设计出震撼的创意作品，在世界上享有盛誉。西方的解构主义大师有侯赛因·卡拉扬、马尔丹·马尔吉拉、让·保罗·戈尔捷、亚力山大·麦昆、薇薇安·维斯特伍德等，他们在全世界都备受瞩目，所设计的作品堪称经典。从东西方解构主义服装设计作品中，不难看出他们之间存在着差异，西方的解构主义服装设计是通过打碎、重组来突出人体曲线和局部位置的性感，如胸部、腰部、背部、臀部以及腿部；而东方的解构主义所要突出的是设计的创新模式和对审美标准的颠覆。

第一节　东方服装解构大师

20世纪60年代开始，无论是高级定制还是成衣设计，都呈现出反文化、反传统的思维模式，没有衡量审美的标准，同时不断打破俗与雅、中心与边缘、性别等界限，并将很多元素同构、解开后再构成，统称为"解构"。服装界的解构与艺术创作领域的解构十分相似，文艺创作中的解构主义将"去中心化"提炼出来，逐渐变成对现状的不满和反常规的各种思想。而服装设计中的解构同样符合这层含义，通过外来文化的基本形态，打破服装设计中特定的模式，去除服装的中心，将其他地域、民族的元素汇集一身，其中掀起解构主义风潮的东方服装大师三宅一生和川久保玲在设计中尤为突出,他们都将带有东方色彩的元素应用到服装设计中,并引起全球的关注,刚好70年代的西方服装比较惨淡,人们认为东方文化很神秘,不断掀起"东方热"的高潮,三宅一生和川久保玲就在这个契机,将东方文化推向世界的舞台,东方元素的服装成为卖点。

一、三宅一生

西方和东方在服装造型方面的侧重有所差异,东方着眼于平面结构,如日本的和服、中国的汉服等。对于东方的服装造型而言,人体就是服装的一个支撑架,不要求凸显人体的曲线,因为没有省道变化,所以服装内部空间的放松量比较大,所设计的服装更注重"禅"的美感。而西方着眼于立体造型,服装的轮廓造型与人体的曲线结构紧密契合,通过胸、腰、臀的虚线彰显女性的性别特征,追求服装的合体性,服装内部空间几乎没有多余量。

三宅一生是日本的服装设计大师,他的很多设计都是由传统服饰的裁剪方式演变而来。在设计初期,由于日本受西方文化的影响,很喜欢西方修身的服饰,三宅一生设计的服装在那时并不被接受,反而受到排斥,后来由于三宅一生在巴黎、纽约获得成功,日本大众才开始接受其作品。三宅一生不仅是在对服装进行解构设计,而是在阐述人体与服装的关系,既包含静态关系,又包含动态关系,从其作品中能感受到他想表达的美学关系。

2010年秋季,三宅一生发布了一个新系列132 5. ISSEY MIYAKE,如图4-1所示,它是由Reality Lab.(实体实验室)研发,这个实验室是以探索未来服装设计和工业设计的无限可能为研究方向;132 5. ISSEY MIYAKE系列是对"一块布"的升级,其所有的设计仍然用一块布制作而成,但材料却换成了可回收利用的聚酯纤维;它是由PET塑料瓶做成,将聚酯纤维折叠成一个既规则又富有美感的几何形体;132 5. 系列的名称是由4个数字组成,它们代表不同的意思,1代表完整的面料,3代表三维,2代表二维,空格代表无限的延伸和想象,5代表多元化、未来感的服装体验。132 5. 系列的灵感来源于折纸艺术和灯笼设计,与服装相结合,通过折叠手法,将面料折成一个平面,也可以说是二维空间,但当轻轻一提后,这个平面就会瞬间变成一件三维的立体服装,同时还可以展现出形状各异的几何形体,共有10个图形,提拉后可以变成连衣

图4-1　132 5.ISSEY MIYAKE系列

裙、衬衫、半身裙、裤子等。折纸设计的过程首先是通过手动折纸，然后通过影像与电脑辅助设计，设计出折叠的形状，通过几条简单的直线，就可以构成一个几何形体。在后期的改进中，直线又转换成曲线、穿着者可以任意选择一个点，然后提拉，折叠的几何形体自动生成不同的立体造型。由于功能与结构的变化，使结构线模糊，无论转化成任何款式，都给予身体足够的活动空间，所以没有服装号型，按照大小变换、规律折叠不同的几何图形使穿着者在穿着时感受到趣味性的变化。每一个裁片都有它的意义，没有省道的变化，没有多余的装饰线，没有复杂的工序，解构主义通过折纸工艺将不同服装的造型展现出来，没有一丝的浪费。

"一生褶"是三宅一生将折纸应用到服装设计上的第一次尝试，并获得了很大的成功，后来他又对折纸应用进行升级，设计出"132 5."系列。这是艺术与技术相结合的结果，将服装的形态融合到具有图形规律变化的折纸设计中，这也是三宅一生的设计目的。自从该系列问世以来，每一年都在不停地进行改进和创新，不断进行尝试，推出新系列。折纸理念一直贯穿所有系列，在此基础上，将色彩和图案在功能性上不断改进，这都与计算机技术的进步是分不开的，计算的精准度也是影响服装设计的关键因素。

西方设计追求三维立体结构，将一块布做成一件立体服装，而三宅一生又将服装还原成了一块布，这是两种不同的观念。他的作品中能充分体现解构主义思想，颠覆了传统的设计理念和思维方式。他的设计理念是回归自然，用后现代的眼光和解构主义的角度去审视服

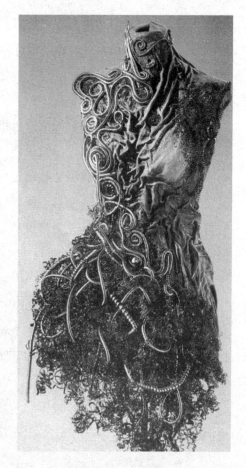

图4-2 三宅一生的作品

装，在造型上，他是解构主义服装的开创者，他改变了高级时装和成衣平整光洁的设计定式，强调以不同质感、不同材质的面料，将纺织服装面料和非纺织面料共同结合在一起，如铁丝、塑料、玻璃等，创造出非常规的肌理效果，如图4-2所示。三宅一生是一位艺术领域的探险家，在他的设计里没有什么是被束缚和限制的，任何材料都是他的设计资源，在不断的打破和重组中提升自己的设计。三宅一生的服装造型都非常夸张，色彩搭配上要么暗黑色彩，要么色彩极度饱和，给人以强烈的视觉冲击力。他在设计服装时并没有特定的艺术创作形态，但作品却呈现出很强烈的整体感，人们并不会觉得杂乱无章，他十分擅长无结构的设计方式，根据自己的想法自由地发挥，所以他的作品具有强烈的个人风格。

三宅一生一直对折纸与服装的关系非常感兴趣，从1999年开始，不断推出折纸与服装相关联的设计，不断尝试以环保为主题的设计理念。132 5.系列有很多优点。

1. 易于打理和存放

三宅一生的研发团队首先变换折纸形态，并直接引用到打板纸上，再转印到最终的面料上，然后通过压烫机将每一条折痕压出来，并按照折叠规律将几何图形折叠出来，最后将服装整烫定形。由于面料是采用聚酯纤维，并经过高温定型，不易产生褶皱、变形，所以穿着者无需整烫，易打理、易清洗，脱下后折叠好平面存放即可，无需整烫和充足的收纳空间，省时省力，穿着时方便快捷。

2. 环保、零浪费

132 5.系列呼吁环境保护，在当今社会，产品的浪费和污染十分严重，服装便是其中的一个方面。环保是每个设计师应该考虑的一个因素。三宅一生设计这个系列的初衷就是将废弃的塑料回收再利用，将环保理念融入到了设计中。

3. 多样性

一件衣服可以同时转换成不同的款式，适合不同的社交场合穿着，这是普通服装很难实现的。

二、川久保玲

川久保玲是另一位打破传统常规设计的服装设计大师，她在1973年创立自己的服装品牌，她的设计非常有创新性，将服装与艺术表现相结合，并具有开放性的艺术思想，她的作品被很多设计师模仿，同时又被时尚界称为日本的"时尚教母""解构主义服饰大师"。川久保玲毕业于日本庆应大学艺术系，从小就受到日本文化和美学的影响，日本传统的美学崇尚的是不完整、不对称、残缺的美，因此从她的设计作品中不难看出这种残缺的、不对称的美学原理。她对"破"很感兴趣，"二战"结束后，西方文化和美学在很大程度上影响了日本人的审美观，其中解构主义思想引起了川久保玲的关注，她将日本美学理念与西方美学理念相结合，进而形成独特、另类、前沿的设计风格。

/第四章 解构主义服装设计师/

图4-3 "乞丐装"

1981年,她首次参加巴黎时装发布会,从此受到世界时尚界的关注。1984年,她设计的"乞丐装"(图4-3)受到了全世界的瞩目,她把服装设计成破烂不堪,完全体现了在她思想里的日本残缺文化,这种破烂的"乞丐装"引领了20世纪80年代初的流行,将宽松、破烂、立体、不对称、未完成等元素推向极致。她张扬叛逆,反对中规中矩,很多常规思想被她轻而易举地打破,她喜欢很多与艺术相关的领域,如建筑、平面设计,她经常与建筑师和平面设计师一起合作,擅长对空间结构的把握,特别是造型和层次感,服装的未完成感经常会在她的作品中看到。她既是服装设计大师,又是艺术大师,她将东西方文化精髓巧妙地融合在一起,她的无结构理念设计将解构主义与日本传统服饰风格一同推向了时尚高潮,无论是轮廓造型、内部结构、色彩,还是面料,都是对解构主义的诠释,在分解、变形、重组的过程中,设计出怪诞、非常规、另类的服装造型,可以看出她对西方传统服装设计的反叛,对东方传统设计思想的创新,虽然看似无形,但美学内涵却宽泛、深远,疏而不散,正是存在着东方传统的文化内涵,才能赋予作品神奇的力量。她为人们开启了一个崭新的设计空间,打破了传统的固有模式,用自己独特的思想驾驭流行元素,"破"有打破、打碎、破碎之意,将原有的秩序打破,将无序的精彩展现出来。川久保玲的宽松廓形,不对称、反性感等设计元素取代了女性服装的曲线、性感等元素,她的设计往往带有女性主义色彩,她强调:女人不用为了取悦于男人而将自己打扮得性感,强调曲线线条,然后在男人的态度中肯定自己,应该是用女性本身的思想和个性去吸引男性,这充分说明她是一个女权主义者。

除了受到日本本民族的美学和哲学影响外,西方文化、艺术对她也同样产生了很大影响,川久保玲不断从西方哲学中吸取养分,其中对解构主义思想的研究十分关注,从中结合日本传统元素与解构主义的设计过程,解开、分解、重组,进而形成了自己的设计风格。

解构主义反对中心论,打破常规结构,强调不稳定性和变化性、分散性和模糊性,常见的形式是散乱、残破、非常规、分散等。解构主义的服装无论在造型、款式、色彩还是面料上都非常自由,没有束缚,没有形式美的法则,对称、韵律、统一和平衡在解构主义世界里并不是衡量服装好坏的标准。因为受到解构主义的影响,川久保玲不仅对残缺情有独钟,她还喜欢打破人体的常规结构,在反人体曲线的同时,将曲线的对立面做夸张设计,在背部、臀部等不适合加垫的地方增加体积感,彻底改变人体的骨骼形状,在服装的造型结构中添加填充物,使服装呈现别样的立体造型,从而使服装产生一定的厚度,所呈现出来的曲线是反常规的。1996年,川久保玲推出一款"肿瘤装"(图4-4),在服装的肩部、颈部、前胸、后背、胯部等部位增加填充物,穿着者看起来像长了瘤块或者驼背、鸡胸,这是对常规形体的颠覆,虽然关注度提升得很快,但设计理念也备受质疑。设计作品所呈现出来的身体线条是一种病态的、另类的腰臀线条,通过立体填充来改变女性的基本形体。这种设计灵感来源于西方建筑或雕塑艺术,通过外力将人体的形体特点重组,赋予新的思想和理念。川久保玲的作品颠覆了服装设计的常规思维模式,重新定义服装造型设计,这使得设计师从一个全新的角度和视野去思考服装,并挖掘服装所承载的艺术内涵和无限的想象空间。

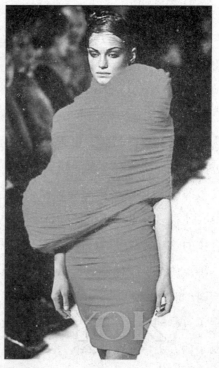

图4-4 "肿瘤装"

三、山本耀司

山本耀司（Yohji Yamamoto）是继三宅一生、川久保玲外另一位在巴黎获得成功的服装设计大师，在20世纪80年代成为巴黎时尚界的热门人物，被封为"黑色魔法师""日本潮牌领袖"等称号。人人都追求的完美，在山本耀司看来却是一种丑陋，他追求的是不对称、残缺的美，这与日本传统美学所倡导的"缺憾美"有直接关系。他的设计涵盖哲学、美学和传统文化，自从有了三宅一生、川久保玲和山本耀司的设计，世界舞台上才出现了黑色、宽松、带有一种"禅意"的服装样态，这种带有传统、民族异域之美的服装在80年代饱受性别的争议。山本耀司的服装设计"是日本时装震撼西方的重要组成部分，他的设计具有强烈的个人风格，又同时保持了日本传统服装的色彩和某些美学特征，是20世纪80年代相当具有冲击力的时装设计师之一[60]。"山本耀司自称为艺术家，他是对大众所公认的美好的事物提出异议的人，除了要对传统美进行设计，还要增加其他的附加价值。

1943年山本耀司在日本横滨出生，1966年毕业于庆应大学法律系。随后两年到比较著名的服装设计学校深造，1968年去巴黎学习服装设计，两年的国外学习让他对西方服装有了更系统的了解，回国后，从给母亲做衣服开始，开启了他的服装设计历程。1981年山本耀司参加巴黎高级成衣发布会和纽约服装发布会，引起了时尚界的高度关注，1984年他发布"Yohji Yamamoto"男装作品，在为自己的品牌命名时，也秉着惯有的特点，简练地将"Y's"命名为自己的服装品牌，他希望有更多的精力去做设计，名字只是一个代码。1998年，山本耀司发布了一组以法国服装风格为主题的系列服装，使他的设计风格风靡全球，并使很多日本本土设计师备受鼓舞。2009年，山本耀司与运动品牌阿迪达斯合作的Y3品牌在巴黎首次亮相，获得了很大成功。山本耀司的服装设计体现了一种反传统、反体制、反阶级的特点。这种特点在他的高级成衣中尽显，因为当时的时代背景，人们渴望反传统的服装出现，随着这样的呼声，山本耀司确定了自己的设计风格，可以看出，山本耀司对日本本土文化的创新，同时也受到了西方美学流派的影响，东西方文化交织在一起，形成了今天山本耀司的独特设计风格。

剪裁方式是服装结构创作的重要环节，西方服装剪裁倾向于从上而下的立体裁剪，东方剪裁趋向平面，将剪裁的手法设定为二维的直线裁剪，山本耀司在剪裁设计上对日本和服的剪裁进行借鉴，将和服的宽体剪裁、含蓄、韵律运用到服装设计中，并总结出一套独特的剪裁方法。日本和服的肩部和袖部是可折叠的，这样的设计可以满足不同身高和体型的人，山本耀司通过折叠、悬垂和缠裹等手法独创出一种对身材要求不高的设计模式，通过线条转换，形成宽松、不对称的服装款式，在他的作品中经常会出现领口、底摆、袖子等不对称结构，是对传统合体服装结构的解构，不规则、不对称的服装形态体现出自然、随意、慵懒的特点，在他的作品中，几乎不会暴露胸或腿，而是将穿着者包裹得很严实，但对于颈部的美，山本耀司却非常注意，所以在他的设计中非常注重对颈部线条美的呈现，在众多风格中独具一格。除了剪裁方式，山本耀司的设计构思、色彩搭配等很多思想都源于本民族的传统美学，他不断地对本土文化进行反思和创新，在创新中形成了"禅意"的设计风格。他不使用华丽的面料和鲜活的色彩，而是强调返璞归真、简朴与原始的美。他的服装每个角度都散发着"禅"的味道,永远对黑色钟爱。他的设计作品大多以黑色、白色、灰色等无彩色为主,少数搭配蓝色、橙色、黄色等有彩色,呈现出简单的色调,他的这种解构主义思想不仅影响着日本的本土设计师,同时也影响着整个东方和西方的设计师,形成一种新的设计风格。在2015年春夏高级成衣时装发布会上,Yohji Yamamoto作品采用解构主义手法打破了一直以来的风格,展现出女性的性感,服装仍然以黑白两色为主,将服装的完整感打破,减掉局部的面料,下移服装部位或将某一个部位的长度和宽度夸张,使重新剪裁的服装呈现出一种松垮、性感和独特的美,但令人刮目相看的还是在服装秀结尾的一款复古的蓬蓬裙,新鲜的花朵装饰在胸前,返璞归真的气息展现无遗,这一场作品秀山本耀司将迷惘与任性混合,体现出乱中有序,如图4-5所示。在2018年Yohji Yamamoto春夏时装发布会上,作品仍然以黑色为主色系,继续保持反时尚风格,这次的系列作品以宗教与转世为灵感来源,女性的肖像与印花文字作为图案反复出现在长款T恤和长袍上,并将文字拆分形成破碎的长条,按照一定

图4-5　2015年Yohji Yamamoto 春夏发布会

图4-6 2018年Yohji Yamamoto 春夏发布会

的排列设计到服装中，在保持一贯风格的基础上将图案的解构推向了高潮，如图4-6所示。在2018年Yohji Yamamoto秋冬女装发布会上，山本耀司为怀念已故挚友——著名服装设计师Azzedine Alaïa，将解构主义、立体主义和超现实主义相融合，并灵活运用到服装设计中，山本耀司采用全黑色系列展现了他对高级时装的浪漫诠释。在一件风衣廓形的基础上，进行解构，将不同的部位解开，将服装的零部件无序错位、拉伸长度和局部的夸张，使服装呈现出山本耀司固有的设计模式。虽然整个系列采用全黑设计，但由于结构的解构变化和对层次的把握，并不感觉沉闷、呆板，戏剧化的哑剧妆容也为服装增色不少，使整个秀场更加神秘和前卫，如图4-7所示。

图4-7　2018年Yohji Yamamoto 秋冬发布会

四、渡边淳弥

1961年，渡边淳弥出生于日本福岛县，1984年，毕业于东京文化服装学院，毕业后进入川久保玲的公司做制板师，在Comme des Garçons 公司工作几年后成为针织衫产品线的总设计师，1993年，在川久保玲的扶持下，在巴黎发表了自己创建的品牌"Junya Watanabe Comme des Garçons"的时装发布会。他的离开，并没有影响他与川久保玲的关系，恰恰相反，川久保玲却处处给予他帮助，他的艺术作品与川久保玲的有相似之处，如色彩的明暗对比与混搭，上下颠倒，巧妙地对荷包进行穿插设计，袖子长度的拉伸和夸张等。

对于解构来说，渡边淳弥的作品涉及的范围非常广泛，折纸元素、运动元素、朋克元素、块面与体的穿插组合，不同面料的怪诞组合，虽然夸张戏谑但却贴近生活。他为人低调，很少在媒体面前出现，更多的是用服装作品来说话，面料的高科技与传统的结构是他创作的基础，他不断地追求未来主义，不断地对剪裁的概念与传统结构发起挑战，他也被时尚界认为是当代最具影响力的服装设计师。渡边淳弥表示："我个人风格的转变与时装整体的变革息息相关。我的技艺有长足的进步，但这些转变并不一定是积极的。说实话，在目前的大环境中，有时候觉得很难创造出色且有趣的东西。"

图4-8　2016年渡边淳弥女装秀

2016年渡边淳弥在巴黎时装周上推出秋冬女装发布会，以立体裁剪的茧型为轮廓设计，以剪纸为设计元素，色彩以黑色和红色为主色，整个秀场散发着艺术与宗教的神秘气息，折纸元素与几何形体透视的感官效果为服装注入了新的活力，如图4-8所示。

五、马可

中国的解构主义设计师在本土元素的设计上也有一些新的探索，在分解、重构的基础上保留民族的传统元素，由于中国传统文化的特殊性使中国设计师有自己的方法去处理本土文化与解构主义之间的关系。马可是众多中国本土设计师中较杰出的一位，在其他女装品牌追逐国际流行趋势时，马可追求的却是中国传统的质朴和高雅，她致力于对中国传统民间手工艺的保护与传承，她的作品更像一种生活方式,用独特的设计方法表现出来。

马可,1971年出生在吉林长春,毕业于苏州大学工艺美术系。1994年,作品"秦俑"荣获第二届中国国际青年兄弟杯大赛金奖。1995年,获得首届中国十佳设计师称号。1996年,由于她不愿在服装企业做代工,便放弃百万年薪,在十分艰苦的条件下与丈夫毛继鸿创建了自己的品牌"例外",创建初期规模比较小,但发展非常顺利,每一件服装问世都会受到消费者的青睐,所以在创立至今没有外部的投资,到2006年,"例外"在全国已经开设了100多家门店,取得了非常好的成绩。她无法忍受机械生产的流水线,因此,在贵川藏一带不断地挖掘遗留在民间的手工技艺,并在2006年,在珠海创立"无用"设计工作室,向人们证明"无用之用,方为大用"。她的设计所采用的面料几乎全是手工织布机织造而成,在创作过程中保留自然产生的褶皱。她所追求的不是物质的奢华,而是富足的精神世界,2008年,"无用"系列作品在巴黎laceFRoyal户外广场表演,没有精致的舞台背景和灯光,没有华丽的妆容和面料,作品将中国质朴的生活方式和哲学思想,通过纯手工织物、天然染色表现出来,如图4-9所示。

图4-9 "无用"系列作品在巴黎时装周

导演贾樟柯将"无用"拍摄成电影来反映目前中国的服装消费观念和现状，马可的设计是对大众流行的审美标准的颠覆，同时也体现出马可对传统文化中禅宗思想的继承以及服装向返璞归真的自然迈进的设计理念，她打破了当下工业化生产的趋势，设计中纯天然面料、宽松的外轮廓造型、直线剪裁、二维空间无不体现中国传统服饰文化的核心精神。

第二节　西方解构服装设计大师

一、让·保罗·戈尔捷

1952年，让·保罗·戈尔捷（Jean paul Gaultier）出生于法国巴黎，母亲是中产阶级，父亲是工人阶级，而祖母对他的影响最深，祖母身兼数职、无所不能，她为人施催眠术、用纸牌给人算命、制作假面具、为有感情纠纷的情侣充当调解人。在这种环境下长大的他，超常的想象力都是从祖母身上获取的，14岁便开始设计服装，17岁时，他已经成为小设计师，并将自己的设计手稿发给著名设计师，1970年，他的作品得到了著名服装设计大师皮尔·卡丹的肯定，并成为他的助手，1976年，他的第一次高级成衣发布会便使他的作品备受瞩目，他设计的服装类型被称为"先锋派"，是以打破常规为设计理念的法国女装。1977年，他创建了以自己名字命名的品牌，他对解构主义情有独钟，有自己的想法和态度，他的设计特点是大胆、叛逆。他大胆地打破性别的界限，以女装男穿和男装女穿的形式模糊中间界限，把服装看作是不断变换的游戏，人们称他为"时尚界的坏男孩""天才顽童"等，60多岁的他仍然很顽皮，他特立独行的个性与设计理念成为时尚界的风向标，用怪诞、另类的设计方法颠覆人们的审美标准，在他的眼里没有戒律和规则、没有时间和钟表。让·保罗·戈尔捷深受朋克教母维维安·韦斯特伍德（Vivienne Westwood）的影响，他十分喜爱伦敦的街头文化，很多年轻人热衷于韦斯特伍德的时装作品，认为她是一个时代革新的代表，但她同时也饱受争议，有人认为她的服装支离破碎，无法日常穿着。戈尔捷与韦斯特伍德设计的时装都有着让人追随的能力。在1997年的服装发布会上，他将无性别差异的设计理念推向极致，专门请来高大威猛的男模穿上蕾丝长裙，让"妖娆"也可以成为男人的代名词，如图4-10

图4-10　戈尔捷1997年服装发布会

所示。2000年在张国荣的演唱会上，张国荣的所有造型都是由让·保罗·戈尔捷设计的，长发披肩，长款大衣拖地，将阳刚和柔美并存，如图4-11所示。让·保罗·戈尔捷几乎每次发布的作品都让世界为之震撼，如内衣外穿、裙子与裤子的混搭等，他将别人想都不敢想的理念变成了现实，在他的设计中不断地打散、分解和翻新。他认为理念要高于技术，所以他一直持有时尚的敏锐性和前瞻性，而且他很早就具有环保意识，早在1979年，他将提出循环利用的理念，并引入到服装设计中，如把废弃的垃圾袋作为材料制作成服装。戈尔捷的解构理念层出不穷，设计的作品总

图4-11　戈尔捷为张国荣设计的服装

让人意想不到，在他的世界里，传统的服装设计方法就如同思维定式一样毫无生气和活力，他对法国时尚界的墨守成规很不以为然，法国时尚界的设计师总是从高级定制的设计中去寻找灵感，而灵感并非一定是在时髦人的身上，世界万物都可以成为他创作的素材，朋克风格、建筑、解构主义、结构主义、超现实主义都是他的设计题材，他认为自然界没有任何戒律和禁忌，所有的界限都是人规定的，所以都可以被打破。戈尔捷以颠覆巴黎时装为奋斗目标，他的设计从20世纪80年代开始就放在了两性上，很多作品都包涵了爱与性感的主题，如内衣外穿，将女性深藏在心底的观念和长久以来被压抑的内心解放出来，打破了长久以来建立起来的美学原则，内衣不再需要隐藏，也可以作为一种时尚表现出来，这样颠覆性的观点吻合了妇女解放运动的大趋势，成为为女性发言的男性设计师。有很多女性喜欢他设计的男西装，也有很多男性喜欢他设计的女式夹克，由于这种现象的出现，在他后来的时装发布会上，出现了穿蕾丝衬衫的妖娆男性和男款西装的中性女性。图4-12是一套通过镂空和碎片重新组合的服装，上衣呈现支离破碎的样态，胸部、肩部、领口半镂空，夸张、诙谐、前卫、古典和奇异的混合设计风格，完整的拉链将乳房中心点与裙子相连，并保留拉链两侧的宽边，呈现出一种不经意、粗犷的感觉，将完整的服装通过剪

 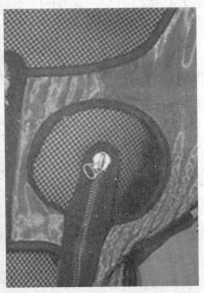

图4-12　2007年春夏戈尔捷的设计作品

切，将局部进行减法设计，然后又通过加法设计增加了装饰品和面料，如拉链和网纱，既是对性别的隐藏，又是对性别特征的彰显。戈尔捷的服装发布会总是给人深刻的印象，如图4-13所示，他选择体重达到几百磅的女性和老人作为模特，这样的视角成为众人的焦点，同时也饱受争议，他认为时装不仅是给身材苗条的年轻女性设计的，同时也是给体型偏胖的人和老年人设计的。他的这种解构主义思想在穿着对象身上找到了灵感的支点，他总是将一些经典的设计用自己独特的解构主义手法通过幽默、诙谐的方式表现出来，使原有的设计再次获得重生。

图4-13 让·保罗·戈尔捷的设计作品

二、侯赛因·卡拉扬

　　侯赛因·卡拉扬是解构主义的先锋派大师，也是以服装作为媒介来研究人体空间的艺术家，他设计的作品中，同一件服装可以有多重形式，创作出超前、颠覆审美的服装造型，所以被时尚界称为英国时装奇才。卡拉扬1970年出生于塞浦路斯，有着土耳其和塞浦路斯血统，由于童年有过被驱赶、移民等经历，这对他日后的设计创作有很大的影响，他的很多对环境关系的创意设计都有童年经历的痕迹。卡拉扬通过服装揭露隐藏在服装背后的问题，如服装与人体有什么样的关系，人生存在的意义等，大部分欧洲设计师比较热衷于奢华和性感，而他却沉浸在自己的设计空间里，从不随波逐流，从不跟随常态，他将常态的设计视角转移到人与周围环境、空间的关系中，他的设计是一种概念，同时也是艺术品，他通过服装设计将概念引导到建筑、雕塑、家具、工业产品、电子设备、城市等高度，他就像来自于外星球，设计想法永远不是服装本身,而是与周围的环境永远存在着的微妙联系,他最擅长的是面料的创新和精湛的裁剪技术,他的设计跨越各种专业领域和文化内涵,以非常规的解构主义手法与未来主义设计理念共同演绎服装。

卡拉扬的设计有着超现实和反平庸的未来感,他善于设计雕塑性时装,用装置艺术提出对未来的思考。卡拉扬的服装从来不是单纯对服装的设计,而是服装的"变","变"可以通过时间的流逝产生变化,可以通过环境的变化影响服装。1993年,卡拉扬毕业于圣马丁艺术学院,在毕业服装展上,他展演

图4-14 "The Tangent Flows" 作品

了女装系列"The Tangent Flows",如图4-14所示,是一件已经腐烂的丝绸连衣裙,他提前将连衣裙与一些铁块共同埋在地下长达6个星期,当挖出后服装发生了改变,服装面料腐蚀,样态全然不见,连衣裙的生命和价值一同随铁块埋葬掉,再次观看服装的时候,服装的色彩、款式、造型也不是服装的主体,主体被消解,被时间、空间与服装产生的关系所取代,他的设计创意感极强,使得他在这一年成为了著名的服装设计师,从此开启了解构主义服装的旅程。

1. "家"

2000年春夏,卡拉扬在伦敦推出了"游走的家具"系列,引起了时尚界的关注,在空旷的舞台中心有一组灰色的沙发,沙发中间是一张圆形的桌子,模特分别脱下沙发套,穿在了自己身上,随后沙发则被模特折叠成手提包拿在手中,而中间的圆桌也开始发生变化,模特在圆桌中心,由于圆桌是由圆木条组成,所以当模特向上提的同时,圆桌变成了一条长裙,这就是著名的"圆桌裙",卡拉扬利用服装与家具的关系,将"家"通过一组家具简单地勾勒出来,而这个"家"却不是传统意义的家,它是一个临时的、可移动的家,这里的服装并不是单纯的服装,而是家具与人体呈现的远距离关系,当家具变成服装时,距离被拉近的同时,家也就消失了,服装所呈现出家的状态和意义是相同的,都是对人体自由空间的保护,"服装如同家的责任"这个创意概念的产生与他小时候的经历有直接的关系,即使由于外部因素使家消失,家也可

图4-15

图4-15 侯赛因·卡拉扬"游走的家具"系列

随时搭建、随时组建起来,这是卡拉扬对服装另外的功能诠释,如图4-15所示。这是对传统服装认知的颠覆,他认为任何材料都可以为服装服务,都是服装的载体。

2. 服装与人体的关系

"游走的家具"系列使服装设计在构成形态上有了空间意识,服装是保护身体最基本的单位,人体周围的任何环境都可以构成服装,而服装的概念被卡拉扬模糊了,主体不再清晰,而研究范围的拓展使服装的生命力更加鲜活,而空间结构是层层包裹的关系,而包裹的关系不一定是与人体紧密相连的,服装是环境空间的一部分,也可以说是建筑的一部分,可以是近距离的,也可以是远距离的。如图4-16所示,模特穿着紧身胸衣,传统的紧身胸衣是对身体的一种束缚,而这款紧身胸衣却将胸部打开,呈现一种含苞待放的状态,而胸衣的上面是一个球体,将上半身罩在这个球体当中,在胸部以下如花朵一样绽放,胸部以上却是一个中空的密闭空间,将人束缚在这个密闭的空间中,人的体型被模糊成一个圆锥形,模糊了人体的边缘和菱角,服装成为室内的一个空间,人又是空间中的一份子,可以在里面自由呼吸,却无法触摸任何东西,约束上半身的所有行为,但脚却是自由的,随意去想去的地方,可以在空间中自由地行走,上下的"静和动"的矛盾体将自由和约束在同一个空间内呈现出相反的

/第四章 解构主义服装设计师/

图4-16 Hussein Chalayan的设计作品

功能。球体是由轻薄的纱和龙骨组合而成,卡拉扬所要表达的就是人体与服装的空间构成,服装在保护身体的同时又带来了束缚,穿着者无法与人清晰地交流,这种隔离的空间使人与人无法靠近,当人与人之间的空间距离感通过服装本身建立起来,在设计服装的同时就赋予了服装一种深层内涵的意义。这里所呈现的服装不考虑设计元素、设计风格、设计对象等,而是将服装抽象出来,分别与建筑、几何形体、工业产品等相结合,将线组合成三维形体模型来虚拟成建筑的空间感,形成人体、胸衣、空间、球体之间的"层",运用建筑的设计方法,将服装设计出多种层次分明的外形,人在服装静态和动态的矛盾体中感受到空间的趣味感和结构感。他将建筑的雕塑感和围裹人体的空间感应用到服装设计中,使服装进入到一个更加宽广和独立的空间造型中,用更高的视角去看待服装,将服装缩小成为空间的一个小分子,可以在建筑和室内空间中游离,也可以存在于环境空间之外,这种将服装、周围环境、建筑等同对待的观点,形成了卡拉扬的设计特点。

3. 空间解构

2000年春夏"Before Minus Now"系列中,卡拉扬以飞机为灵感,由白色光泽硬质材料制成的连衣裙,如图4-17所示。他尝试让服装"脱离非生命体"的

图4-17 "Before Minus Now" 系列

宿命，将服装切割成几块，并模拟飞机的形态拼接起来，围裹在身体外的是光滑的塑料合成板，按照人体的基本形态制造而成，连衣裙内安装了芯片，用一个小小的遥控器控制裙摆的开合，裙后片的板块向上折起，两侧的板块向外移动，模仿飞机起飞时不断打开的机翼，腰下的板块瞬间开裂，向下滑动，露出穿着者的皮肤，这样移动，可以让穿着者漂浮起来。卡拉扬的服装是超前的、无法想象的，完全颠覆了常规的时装秀及表现形式。

4. 运动与静止

卡拉扬在2009年春夏的服装发布会上，设计了一组在运动中静止的服装，以碰撞为终结，模特站在一个圆形的旋转台上呈现运动的状态，同时感受着风速，她们身穿硅胶材料的服装，裙摆后侧以90°上扬（图4-18），旋转台在运动，虽然服装和人是相对静止的，但服装却呈现出运动的状态。卡拉扬解释说，"这是关于我们生活中的速度，还有速度导致的车祸。"整个系列的服装采用喷绘的方式，将废弃车、车牌、方向盘等图案融入服装设计中，灰色的烟雾图案表现出生活环境中充满了汽车尾气的污染，他将环境保护的意识和事故因素共同融于设计中，通过解构主义手法，将服装的静止和运动同构，将一个中心分解，建立起多个中心。

5. 材料解构

卡拉扬采用的服装材料都是标新立异的，因为他的设计总是超越传统的服

图4-18　卡拉扬2009年春夏发布会

装造型和结构,所以采用的面料也是具有颠覆性的。如2016年春夏服装发布会结尾时,两名模特穿着相同款式的水溶性面料制作的衬衫(图4-19),它是一种可溶解的服装,当遇到水后,衬衫开始溶化脱落,最后呈现出两种不同的连衣裙款式。他的每一场发布会都是对传统思维的颠覆,他的每一件"颠覆之作"不断地改变着人们对时尚的理解。他是解构大师,但却与三宅一生、戈尔捷的设计有所不同,他的设计并不是来源于民族、历史、宗教等领域,而是对未来的思考和探索,用解构的理念去探索和创造未来。

新材料的研发、可变的线条、几何形体的重组、空间距离的转化、机械运动、时尚与科技重组等无一不展现出卡拉扬对服装另一种功能的开发,他不断地尝试用最少的材料创造出更大的价值,实现从一个领域到另一个领域最快的

图4-19 卡拉扬设计的"可溶解"服装

转换,在静止的同时又赋予服装运动感,他的实验不断推进如何开启未来的服装设计。

三、马尔丹·马尔吉拉

马尔丹·马尔吉拉(Martin Margiela),1959年生于比利时,1980年毕业于安特卫普皇家艺术学院,是"安特卫普六君子"之一,他有着另类的个性和对时尚不懈追求的态度,结构美学对他有很深远的影响,毕业后5年曾是业余设计师,从1985~1987年成为Jean Paul Gaultier的助手,并在1988年以Martin Margiela为名创立自己的品牌,1997~2003年,Margiela一直是Hermès的女装设计师,并在比利时安特卫普时尚博物馆展出他的作品。

马尔丹·马尔吉拉是一个十分低调的设计师,他的公开照片极少,始终不接受采访、不公开露面、不谢幕,堪称时尚界最神秘的服装设计大师,所以品牌的标识也是秉承了他一贯的神秘气息。最初创立品牌时,室内的主色调采用白色,他认为白色代表服装设计的纯粹性,没有杂质和污点,体现出严谨和单纯。由于对设计有着独到的见解和眼光,他能够轻而易举地看到服装面料的特性和构成,所以他的设计作品每次都给人视觉上的冲击。时尚在不断更新变化,而风格却是永恒,风格更能呈现设计师的性格特点,风格也是品牌的灵魂和思想。

1988年,马尔丹·马尔吉拉首次推出自己的服装系列,就引起不错的反响,这场秀上,模特全部蒙面,赤脚站在铺着白布的T台上,涂在脚上的红色颜料踩出一道道红色的痕迹,他把他的故事通过艺术的形式表现出来,震撼了整个时尚界。在他的作品中,体现出哲学和美学思想,与德里达的解构主义思想有相似之处。他的设计有很多是对成品的二次创造,这有很大的难度,但他却视作一种全新的挑战,使原有设计获得新生,将原有的元素和素材视为无用的装饰,在赋予它们新生命的同时,又赋予它们全新的功能。

如图4-20所示,在2009年春夏巴黎服装发布会上,解构主义思想影响着整个系列,所有模特将面部蒙上,将神秘贯穿到底。模特犹如行走的人台,所有面部信息全无,人们的视线完全被服装吸引,并将人台印在服装上,将服装与人台完美结合。马尔吉拉又将人体的正面与背面进行解构,通过假发和服装细节来模糊服装前后面的特征和界限,想法十分新颖大胆;将盒子与服装结合,周围的任何事物都可以与服装共同构成;假发的再次使用不仅是数量上的增加,甚至给人以视觉上的错觉。2011年春夏的服装发布会上,裤子的立体感与人体表面相融合,人体像被衣架劫持一样,身体的曲线和立体感完全被平面的轮廓掩盖,在人与物的转化过程中体现出微妙的变化关系。马尔吉拉曾说,女人的美并不是取决于面部的五官,而是透过身体与服装产生新的辩证关系,是再生的过程。所以他不断将旧物重新拆解和重组,不断将前卫的设计理念推向极致,例如将大量的旧袜子重新组合成一件毛

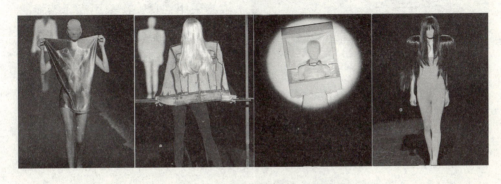

图4-20　2009年春夏Martin Margiela作品

衣，将扑克牌组成一件马甲，将足球队员的领巾解构成一款个性背心，将长款服装解构成短款外套，他的作品呈现出他天马行空的想象力，每一季的发布都给人带来无限的惊喜。后来马尔吉拉慢慢淡出了人们的视线，他的品牌被Diesel并购，由于经营理念和马尔吉拉低调的个性背道而驰，最后导致他们分道扬镳。2015年的高级定制秀由Galliano接管后，无人知晓马尔吉拉的行踪。

没有了马尔吉拉的品牌却继续保持着神秘面纱，设计人员在巴黎总部都穿着整齐的白大褂，并通过邮件与世界交流，这样的沟通方式并不会影响该品牌的市场拓展和营销，也从不为产品命名，只是通过数字的形式表现，0~23数字代表不同的意思，每一个设计以一个数字代表，数字在门店墙上、标签、吊牌上均可以看到，0代表被改款的二手服装，1、4、6代表女装，10、14代表男装，13代表印刷品，22代表鞋。人们在不断推测数字所表达的真正含义，这种做法是前无古人的，如图4-21所示。

Maison Martin Margiela品牌的特立独行，使得品牌辨识度很高，他可以将复杂的理念融合到服装设计中，任何场地都可以成为他发布的场所，对他来说，没有固定的、模式化的公式。在2012年，他继续延续解构主义的设计手法，蒙面造型依然采用，这一次采用光泽感强的面料，依然呈现出会行走的人台的创作特点，但这一次却有不一样的尝试，一种风格的两面化，一面是设计师采用光泽顺滑的丝缎、透视的薄纱营造出女性的柔美；另一面是将男性的服装分解后重组成新的款式披在女性身上，面料除了采用丝缎，还采用了丝绵、皮革等，打造出自然的褶皱，来呈现长裙线条的流畅感，通过披

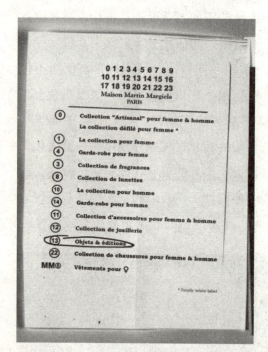

图4-21 Maison Martin Margiela的品牌标识

挂、对夹克的解构、西装的随意剪裁和长裙的高开叉来演绎这一季的流行，还用拉链作为装饰，在柔美的同时附加工业化的时代元素，颠覆常规才是Maison Martin Margiela品牌的设计特色。在这些极具特色的服装造型中，马尔吉拉习惯采用宽大的轮廓、中性风格、强调针迹、夸张下摆等作为设计元素，在当下早已经成为时尚流行被大众所接受，而在20年前，这还是一种视觉和理念上的颠覆。他的设计对时尚界有着深远的影响，面对经济效益，有些品牌在不断地妥协和退让，但马尔吉拉却从未对设计妥协过，当品牌从小众品牌成为国际一线奢侈品品牌时，也就意味着其服装的精美和高级，而对于这些，马尔吉拉却不屑一顾，他将高级定制所固有的特点全部抹掉，将废弃的物品重新组合成为新的服装，杂乱的材料被堆积和重组。"反时尚"——所谓一种对时尚的态度不断被马尔吉拉推向高潮，他的作品充满着分割、破碎、跳跃、拼接等，与传统服装相矛盾和冲突，加强了人们对服装不同层面的理解，千变万化的设计视角使服装更加具有张力和活力。

四、亚历山大·麦昆

亚历山大·麦昆（Alexander McQueen）是一位鬼才服装设计大师，被誉为"英国时尚教父"，他的天赋已经超越服装设计的领域和范畴，他对艺术美的捕捉在服装设计上展现得淋漓尽致，他的设计往往打破常规，充分展现出解构主义的折中理论。对于他，很多人都会觉得很惋惜，在不到十年的时间里，麦昆从伦敦东部受污染的大道尽头，旅行到巴黎壮观的林荫大道，最终到达了位于伦敦上流的住宅区。如此传奇而又短暂的一生，却是精彩绝伦的一生[61]。1969年，亚历山大·麦昆出生于英国伦敦南部，他的父亲是一名出租车司机，母亲是一名教师，他是家里六个孩子中最小的，由于他从小到大的家庭环境和多次搬家的经历，使他不断接触伦敦的街头文化，这对他有着极深远的影响，以致后来他的桀骜不驯大多是来源于街头文化的熏陶。由于他性格孤僻古怪，再加上有同性恋倾向，童年时他几乎没有朋友，母亲是他唯一的支持者，也是他唯一的精神支柱，1985年，在母亲的支持下，他离开了学校，根据自己的爱好到一家男装高级定制服装店做学徒，正式开始了他服装设计的历程。由于他极高的天赋和从小打下的绘画基础，很快就掌握了对传统男装的裁剪方法，并提出了对传统定制的改良设计，这对他日后的设计有很大帮助。在后来的几年里，他辗转了几家时装店，其中有专门设计剧场服装的，这对他戏剧化的服装表现影响深远；也有擅长做传统男装的，还有专门做图案设计的。经过几年不同专项的刻苦学习，他打下了坚实的裁剪技巧和创作基础。他虽然设计制作经验丰富，但缺乏理论学习，于是1991年进入中央圣马丁艺术与设计学院进行系统的学习，并顺利地获得艺术系硕士学位，他的毕业作品获得他的伯乐伊莎贝拉·布罗的大加赞赏，于是开启了他短暂却又精彩的时装设计之旅。品牌Alexander McQueen在不久后正式诞生，他获得多次英国时尚奖的年度最佳设计师奖，2003年，英国皇室为他颁发了不列颠帝国四等爵士勋章。在Gucci集团的大力支持下，他对时尚不断发起挑战，不断推陈出新，把Alexander McQueen创造成为一个全世界名副其实的时尚帝国。然而就在他事业的巅峰时刻，由于他的伯乐和母亲的离去，年仅40岁的他结束了叛逆、狂野、阴郁敏感、脆弱的一生。

他的设计大体分为三个阶段，每一个阶段都是相互关联的，早期阶段的他是叛逆怪诞的，中期阶段的他是重塑复古的，晚期阶段的他是折衷多变的。每一个阶段都是一步步走过来的，之间无法跳跃，只能逐步前行。

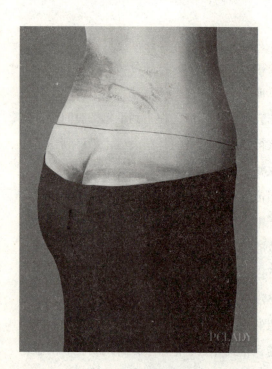

图4-22　"包屁者"1995-96 FW

McQueen从20世纪90年代开始便成为英国具有代表性的实力派设计师，他有着超乎常人的想象力，他的很多作品是对传统服装的颠覆和创新，比如90年代初期的"包屁者"和"高原强暴"两个系列（图4-22和图4-23），引起了时尚界的高度关注，他的设计灵感来源于朋克风格，与"朋克教母"维维安·韦斯特伍德有相似之处，都是对解

图4-23 "高原强暴"系列1995-96 FW

构主义新形势的理解。他的每次时装发布会都让人充满期待,打破了人们对传统T台的认识,一度成为行为艺术的表演秀。McQueen叛逆、颠覆性的设计在时尚界站稳了脚跟,他的某些产品席卷了整个时尚领域,比如"包屁者"系列裤子掀起了全球低腰裤的风潮,一直持续了20年。

他早期的作品颠覆了传统服装的唯美和线条感,被恐怖、阴森、死亡、诡异的气氛笼罩着,在服装外部轮廓上进行了夸张设计,并将不对称进行到底,将很多元素组合在一起。他的综合设计能力使他成为时尚界的佼佼者,他的设计充满着悲哀、伤感、暴力等气息,他似乎在用另一个视角审视着世界,他把死亡看得很平常,好似生活中的一部分。他的早期作品在造型和结构设计上没有复杂的变形,但每一次的作品秀都能让人犹如置身于火海冰雪当中,每次都是对极限的挑战。如在2001年的春夏时装发布会上,Alexander McQueen从电影 The Birds 中获取灵感,设计了飞鸟的经典图案,同时将阴森的色彩和恐怖的气氛融入整个系列当中;1996年,他的设计灵感来源于一部恐怖吸血鬼电影

图4-24　1996年 lexander McQueen作品

The Hunger，使整个系列的作品充满血腥和恐怖，将电影里的吸血鬼形象融入服装造型设计中，以血色和黑色作为主色，对常规材质和穿着方式进行解构，肮脏、血腥的服装将吸血鬼的形象展现得淋漓尽致，不仅如此，朋克和街头文化也成为他早期作品的典型特点，如图4-24所示。1997年秋冬系列作品，他的灵感来源于非洲部落的野兽，整个系列彰显出狂野和粗暴，一改以往阴森静寂的气氛，将野兽的凶猛、残忍通过被撕裂的上衣、朋克风格的夹克和服装上的动物纹样充分展现出来。1998年秋冬的作品秀则将秀场化作一片火海，模特在火海中行走，麦昆将服装通过黑色与红色将愤怒与消亡推向高潮。1999年秋冬的时装发布会，他又将秀场化作雪的海洋，设计灵感来源于电影《闪灵》，模特化身为行走的外星人，羊毛外套夸张的外轮廓线条、未来感十足的盔甲、空灵的眼妆将人们带到寒冷的外星球。对于早期的作品，麦昆的设计灵感较多来源于恐怖电影、非洲部落、街头文化等，显示出他另类、狂野、阴暗、恐怖、血腥的主题特色。

　　麦昆中期的作品风格在转变，在初期风格的基础上，增加了复古和浪漫。在不断的成长过程中，他运用各种元素的能力越来越强，在融合的过程中对元素的提炼游刃有余，将叛逆、狂野、摇滚、朋克、复古、浪漫等元素结合在一起，重新组合成为麦昆艺术，每一次作品秀就是一场精心布置的行为艺术。在初期的系列中，每一季的作品都没有关联，而到了中期，每一秀作品都是相递进、环环相扣的，1999年春夏的作品秀，名模Shalom Harlow穿着一条白色的抹胸蓬蓬裙，站在旋转的木板上，当模特随着音乐旋转时，身体两侧的喷涂机便开始对她的裙子喷绘，短短的几分钟后，全球唯一一件Alexander McQueen喷绘连衣裙诞生,也成为麦昆的经典之作,如图4-25所示,这场作品秀是复古浪漫风格的开始。2001年春夏的"沃斯"可以说是麦昆的巅峰系列。这个系列的灵感来源于彼得·威金的作品《疗养院》,发布会的现场由两个超大的玻璃罩组成,发布会刚开始,呈现出一个巨大的盒子,观众的视线被这个盒子吸引,可以清晰地看到所有的模特,如图4-26所示,但由于采用的是特殊的玻璃,外面能够看到里面,里面却看不到外面,观众可以看到模特们诡异的、难耐的表情,彼此看着对方,随着恐怖气氛的蔓延,舞台当中出现了另外一个玻璃盒子,伴随着音乐的递进,模特们慢慢退回舞台后面,玻璃盒子向四周打开,在玻璃门摔碎的瞬间,许多蛾子从里面飞出来,全身赤裸的、肥胖的情色作家米

图4-25　1999年Alexander McQueen春夏系列作品

图4-26　McQueen的"沃斯"系列设计

歇尔出现在观众的眼前,她面部表情夸张,半卧在椅子上,并将管子的一头插在嘴里,此时美丽苗条的女人与丑陋肥胖的女人之间形成了鲜明的对比,美与丑、生与死、奢华与潦倒等鲜明的对比引起观众对生命状态的反思,如图4-27所示。"沃斯"是挪威的一座小岛,这个小岛以鸟而闻名,整个系列采用鸟的轮廓造型、色彩、细节、纹样、肌理、羽毛等元素,并将他们和谐搭配,使整个系列充满着自然界的生机与奢华,大量地运用羽毛和刺绣,彰显出麦昆对复古浪漫风格的表达。他与纪梵希一起合作的五年,成长了不少,使他后期的作品有了很大的提升,无论是对色彩搭配,还是对材料的综合运用均有所进步。麦昆曾说过,"在纪梵希工作室的工作是我职业生涯的基础……因为我以前是个裁缝,我完全不懂材料的柔软度和颜色的浅淡。我在纪梵希学到了配色。我在 Savile Row 时是一名裁缝。在纪梵希我学到了软化布料。对我来说,这是教育。作为一名设计师,这些可能不是最重要的。但是在纪梵希的经历确实对我的技艺提升有很大的帮助[62]。"麦昆的晚期作品将很多元素大量融合,运用了解构主义的折衷艺术,他不断地吸收各个领域的灵感,将作品进行丰富和创新,用自己独特的形式使服装一点点变得奢华起来。他的设计不再是单纯的怪诞、脱离现实,而是在现实的基础上,将喧闹、纠结、痛苦、沉闷等情绪表现

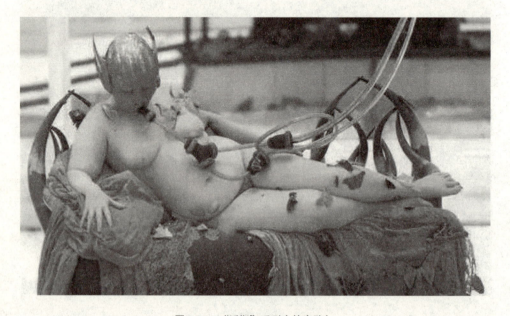

图4-27 "沃斯"系列中的米歇尔

出来，通过折衷的手法将这些元素融会贯通。作品中的刺绣、图案等设计越来越精致，2010年春夏"Plato's Atlantis"系列仍然以自然为主题，将达尔文的进化论作为他的设计灵感，人类起源于大海，最终也会在大海中逝去，麦昆说："现在我们已经没有退路了。虽然目前我们还无法回到那个世界，但我将用我的设计使这个人类从来不曾梦想过的旅行成为可能[63]。"他将大海中生物的色彩、图案、纹样通过高科技的3D印花技术应用在服装设计中，精湛的剪裁工艺与图案、纹样相融合，将人类的文明向原始的海洋推进，海面上所有的景象都通过电子技术合成秀场的背景，将服装与背景完美地融合在一起，使观众一度产生错觉，在虚拟和现实中游离，在喧闹的快节奏生活中，人们内心深处更加渴望返璞归真，回归大自然，作品将自然的景象通过服装秀的形式展现出来，满足了人们的情感需求。这个系列可谓是艺术与技术的完美结合，是他设计生涯中的另一个巅峰之作，梦幻和未来感的服装通过海洋生物的纹样、妆容、长角的发饰等表现出来，并增加了蛇的解构图案，将这种怪诞的、诡异的美发挥到了极致，如图4-28所示。

麦昆不会对任何人妥协，对自己的情绪绝不掩饰，随时准备将自己最真实、最害怕、最丑陋的想法展现出来，这种解构的思想和创意的灵魂都是以实用为基础的，并不是遥不可及，在他的作品中，艺术流派的理论通过服装设计的形式诠释出来，并总结出自己的一套设计方法。

麦昆经常将超现实主义与解构主义共同演绎。超现实主义是现代西方的一种艺术流派，第一次世界大战以后盛行于欧洲，在视觉艺术领域影响较为深远。致力于探索人类的潜意识心理，主张突破合乎逻辑与实际的现实观，彻底放弃以逻辑和有序经验记忆为基础的现实形象[64]，将现实观念与本能、潜意识及梦的经验相融

图4-28　"Plato's Atlantis"系列作品

合来展现人类深层心理的形象世界。他认为，现实世界受理性的控制，人的许多本能和欲望受到压抑，能够真正展示人们真实心理和本来面目的是现实之外那绝对而超然的彼岸世界，即超现实的世界，这就是人的深层心理或梦境。打破理性与意识的樊篱，追求原始冲动和意念的自由释放[65]，将文艺创作视为纯个人的自发心理过程，这些都是其基本特点。

　　超现实主义在服装设计上通过"精神的自主"来表现，表现为不受任何条件和逻辑的约束、不受梦境与现实的束缚。超现实主义是强调创意性的设计，可以将毫无关联的、超越现实的事物无理地结合在一起，并通过一定的秩序组合。麦昆设计时选用的素材都是现实存在的，但却没有任何关联的事物，他通过款式造型、色彩、面料、图案等将无关联的事物融合在一起，从而产生新的服装。他把不同地域、不同时空通过未来元素表现出来，在超越现实的同时，又增加了解构主义思想，把服装设计看成是一场实验，将不同的材料和造型无序地解开、分解，再通过一个特定的主题将其重新组合在一起。但与其他解构主义设计师不同的是，麦昆的解构手法是在诡异、恐怖的色彩下进行的，往往是对生命的思考，并将服装秀的整体作为他解构的对象，而不是单单解构服装个体，所以他的解构空间很大，元素更多，演绎得更加完整。他对外部轮廓造型进行非常规的变形，推动了轮廓造型的变革，并逐渐改变了人们对传统造型的认识和理解，使人们的视角不拘泥于传统的格局。麦昆的前瞻性设计思维，在欧洲时尚界极具代表性，他不断打破历史中的经典，并对现实不断地进行深度挖掘，直接将传统进行大胆的破坏和重组，如将骷髅图案的多样性应用，将黑暗、恐怖、死亡的代表图案与鲜活的时装进行重组，从而带给人们意想不到的视觉效果，并受到了全球的追捧。麦昆不断地通过服装击中人们内心深处某个阴暗的角落，他以一个观察者、参与者的姿态和角度审视着时尚界，虽然他已经离开了，但他的这种态度和精神鼓舞着更多的解构主义设计师，将超现实主义和解构主义通过服装设计的形式以更多的角度演绎出来。

五、维维安·韦斯特伍德

　　维维安·韦斯特伍德（Vivienne Westwood），1941年出生于英国特威斯特尔村的一个工人家庭，家里经济状况不是很好，但童年的记忆还是非常幸福的。她从小就非常聪明，多次获得奖学金，毕业后做了一名教师，但她并不是一个中规中矩、墨守成规的人，所以她经常会设计、制作一些珠宝去街上售卖，直到她遇到了她的第二任丈夫，也是她的合伙人，他们的很多想法不谋而合，于是在1970年，他们开了第一家店铺，刚开始只是卖一些当时热门的摇滚乐录音带，后来由于韦斯特伍德对服装设计十分感兴趣，便开始了她的服装创作。她的设计受到摇滚乐、叛逆精神的启发，设计出一套"特迪哥儿们"风格的服装，她打破传统的服装样式，将非常规的材料和方式重组了一套怪诞的、另类的服装，却赢得了很多朋克风格年轻人的喜爱。她是朋克运动的代表，后来被誉为"朋克之母"。她不断创新和反叛的思想深深地影响着让·保罗·戈尔捷、约翰·加利亚诺等顶尖设计师。她很多经典款式来源于她第二任丈夫的摇滚乐队的启发，他赋予摇滚一个经典的形象，破洞装、裂口装、金属拉链等一直影响至今。她的服装设计作品往往以另类、变态、前卫、极端、离经叛道、颓废为主要代名词，是典型的解构主义风格，她设计理念的内容和形式特征与传统的思维相背离，为服装设计的多元化发展注入了新的力量。她的设计颠覆了传统美学原理，她采用反传统、反模式化、反秩序、反统一、反理性的思维方式，通过偶然的、模糊的、破坏的、矛盾的、无常的、互渗的形式成为她独特的设计理念。

维维安·韦斯特伍德的服装设计大体分为四个阶段。第一阶段是20世纪70年代的"朋克"阶段，这个阶段的设计主要代表材料是皮革和橡胶，通过这些材料制作出荒诞、稀奇古怪的服装，夸张的陀螺形裤子、巨大礼帽、黑色皮革T恤衫和"跳伞服装"等；第二阶段是80年代的"打破"阶段，打破内外界限，将内衣外穿，将内在的、隐私的秘密公开，明目张胆地表现出来，衣袖、裤口的长短搭配，还将面料剪破，撕碎，将和谐的色彩和面料通过粗狂的缝纫线组合在一起，这是她这个阶段典型的设计手法；第三阶段是90年代的夸张、变形阶段，韦斯特伍德通过不规则、不对称的剪裁，夸张复杂的结构造型通过不同类型的面料、不和谐的花色对比、无厘头的穿搭形式等设计出来，这个阶段的设计手法已经成为韦斯特伍德的独特设计风格；第四阶段是21世纪的解构、折衷阶段。

1. "朋克"阶段

朋克（Punk）又译为庞克，诞生于20世纪70年代中期，一种源于60年代车库摇滚和前朋克摇滚的简单摇滚乐，它是最原始的摇滚乐——由一个简单悦耳的主旋律和三个和弦组成，经过演变，朋克已经逐渐脱离摇滚，成为一种独立的音乐，朋克音乐不太讲究音乐技巧，更加倾向于思想解放和反主流的尖锐立场，这种初衷在20世纪70年代特定的历史背景下，在英美两国都得到了积极效仿，最终形成了朋克运动[66]。

韦斯特伍德是朋克运动的杰出人物，也正是因为她，这种反传统、反时尚的伦敦街头的朋克风格才能登上主流时尚的大舞台，成为高级时装灵感的来源，这都应该归功于韦斯特伍德，没有她，不会有朋克服装的今天，所以她被誉为"朋克教母"。当然，韦斯特伍德也受益于"朋克思潮"给她带来的无限灵感，20世纪70年代，韦斯特伍德与马尔科姆·麦克洛伦开的第一家店铺名为"让它摇滚吧"，出售的所有服装都体现着朋克摇滚的风格，正是因为她深受摇滚音乐以及青年亚文化叛逆思想的影响，才设计出了具有反叛和颓废的朋克服装，结构松垮、带有金属钉的裤子、撕碎的T恤、并增加金属拉链、绑带、橡皮等材料的服饰，暴露身体隐私的服装形态，就是这种变态、荒唐的服装造型，赋予了"朋克"一族标志性的形象特征。这个阶段是韦斯特伍德的探索阶段，她通过缠绕、捆绑、拼接、撕裂等手法不断地探索人体与服装的空间结构关系，并不断地总结出新的裁剪方法、新的工艺技巧等，通过解构的思想将多种元素和材质的材料重新组成新的造型风格，线条对她来说都是一种装饰，甚至用撞色刻意地凸显出来，通过对服装的外轮廓、色彩、内部结构线条的位置、长度以及方向来改变服装整体造型。这个阶段的服装没有形成韦斯特伍德特有的风格，大部分的设计是再造的，别针、羽毛、金属拉链、渔网都是她经常用来再造的材料，将普通的服装注入标志的朋克元素，并通过摇滚乐队向世人展现。

1974年，"性"系列中的款式开始偏向于紧身，橡皮紧身衣裤的混搭颠覆了传统时装面料，将衬衫、裤子、裙子、外套用金属绑带交叉缝制，或在身体局部用金属带一圈圈地形成捆绑的形态，这是对叛逆、挑衅等思想超现实的表达。这个阶段的服装色彩以黑色为主色调，也是朋克的代表色，象征着黑暗、反抗、颓废,并搭配红色、白色、紫色、绿色等,形成鲜明的色彩对比,图案以骷髅头、手枪和带有色情、暴力的英文字母为主。

2. "破碎"阶段

20世纪70年代的韦斯特伍德,已经专注于朋克服装十年,随着年龄和服装剪裁技巧的增长,她开始反思,不知道这种无政府思想是不是正确,并感到厌倦。20世纪80年代的她,渐渐地从朋克中走出来,但叛逆的思想一直保留,成为她创作的原动力,这个阶段,她开始从历史上摄取灵感,向独立的服装设计师迈进,这是韦斯特伍德的"破碎"阶段,是自我风格成熟的关键期,她的作品呈现出一种被破坏的感觉,将反叛传统推向了高潮。她的设计,对服装的完整度破坏,刻意地将线迹、里料等隐藏的东西显露出来,给人以未完成感;破坏服装的稳定性,给人不确定的视觉效果,她的"裂口装"系列通过刻意对边缘和切口的磨损,将轮廓和结构线条模糊,呈现出一种破碎的、非常规的、混乱的造型特点。1980年,她开始转变设计风格,并常常在国家艺术图书馆和阿尔伯特博物馆翻阅资料,将专注力放在造型设计、精湛的剪裁和做工上,她不断吸收古典服饰的造型元素和技术表现,并与自身的后现代风格完美结合,又从法国各个历史时期的古代服饰和英国绅士的服装中获取灵感,融合印第安人服饰的传统元素,在款式和造型上都有了创新,创造出了中性的裁剪风格,与马尔科·乔瓦尼共同设计出"海盗"系列服装(图4-29),并开了服装发布会,引起了业内的强烈关注。琼·萨韦基看完"海盗"系列作品后说:"这些服装如此华丽,用一种既精致又震撼的方式改变了'形式'的概念,一件夹克采用了最普通的运动夹克面料,而裁剪方式却是中

图4-29 "海盗"装

古时期的。"[67]"海盗"系列是韦斯特伍德的第一个服装系列,作品主要以不对称与捆绑为主要的设计元素,通过不对称的衬衫和捆绑式的裤口设计,加上蕾丝花边点缀,参差不齐的衣片不规则地表现出来。1982年发布了"水牛"系列,这个系列的灵感来源于土著和美洲原住民的传统纹样。从此每年的灵感均来自于服装史,土著元素、古希腊元素、巴洛克、新古典主义等,每个历史时期的经典元素提炼并应用到服装设计中。她的才华首先是建立在对服装史精深的钻研中,当然她的钻研不是梳理脉络,搭建序列,主要是为了充实自己的表现形式和知识储备,并从中获取设计灵感[68]。1983年发布的"打孔机"系列,大都以方形结构为主,方形筒裙的结构设计自然随意。

在她一贯的设计理念中,女性的胸部和臀部一定要被强调出来,这是最强有力的表现形式,所以紧身低胸胸衣的结构被反复应用,并且总是采用考究的面料来制作紧身胸衣,并总结出紧身胸衣的结构特点。运动类服装的矩形结构、S型结构和钟型裙等,尤其是S型的服装结构,也同样对传统样式进行了改革,按照自己的风格特点进行设计,将传统的S型消解掉,赋予一种新的S型曲线。如在1988年发布的"异教徒"系列中,将领部呈现低领曲线型,腰部收紧,通过不同面料层层堆叠形成一定的体量感,裙子后片层层递减,从侧面看背部、腰部、臀部呈现出明显的S型曲线。

这个阶段的色彩搭配上,韦斯特伍德在色彩的纯度和明度的运用上更加大胆,黑色的面积逐渐变小,取而代之的是红色、橙色、浅绿、金色、紫色等有彩色的混合搭配,使整个系列的感觉比朋克阶段更加富有活力。由于她对历史的深挖,这使她的高级定制时装带有历史主义,最成功的是她对朋克主义反叛的设计手法,她将历史主义中的设计元素转化为符合当时流行的时装,对古代服装细致入微的模仿以及另类大胆的创新方式,使她取得了很大的成就。韦斯特伍德经历了朋克阶段经验的积累,她的"无政府主义"反叛思想在服装上的诠释却被主流时尚接纳,经历过之后,她前期的激进态度慢慢消解,从1980年开始,正式走向主流时尚,但她的解构手法和反叛意识转换成了不断颠覆和创新的动力,是作品慢慢成熟的标志。

3. 夸张、变形阶段

20世纪90年代,维维安·韦斯特伍德已经基本摆脱70年代街头的亚文化风格,多年的剪裁经验和对传统的提炼,使她在事业上迅速提升知名度。她将朋克风格中的经典元素保留下来,在裁剪技术上更加精湛的她,将服装从中性硬朗转化成了带有独特"薇薇安"浪漫风格的服装系列。她的设计既朋克又性感,从80年代末到90年代初,韦斯特伍德一直强调腰臀的S型曲线,这也成为她设计的一个亮点。如1993年发布的"贝蒂娜"系列,是一款沙漏型上下分体的套装,通过两个对称的巨大口袋设计,强调出腰臀的线条,1994年发布的"力量"系列,是在沙漏型的基础上进行了改良,将英国传统双排扣西装的经典元素应用在裙装设计上,夸张的领子造型,强调出腰身纤细,并将臀部撑起,显现出明显的S型曲线,同时将袖子改良为夸张的泡泡袖结构,强调肩部的宽度,与"贝蒂娜"系列相比,臀部蓬度更加明显,并在随后发布的"沙龙"系列中,蓬蓬裙的设计大量出现。"茶杯里的风暴"系列服装将传统结构进行解构,将不对称设计进一步推进,服装的前片和后片解开后重组为两种不同风格的结构,前片是收腰的沙漏型的结构,后片则是唯美浪漫的波浪褶裥造型结构。这个阶段的作品大多以沙漏式型套装为主要造型,并将这种沙漏造型一步步以S型曲线演绎成具有夸张的蓬蓬裙系列,韦斯特伍德最拿手的另外一个"不对称"元素一直持续下去,随着经验的不断积累,她对不对称结构的剪裁更加驾轻就熟,相关作品还有"肖像""盛装""咖啡社交""英国狂""色情地带""解放""水性杨花""微不足道""男装"和"红签"等系列作品[69]。将米黄色和奶白色等柔和的色彩加入到色彩搭配中,使这个阶段的设计更加浪漫唯美,并且色彩的选择并不受朋克风格的影响,而是取决于风格的需求,更加富有女人的浪漫气息。韦斯特伍德慢慢将初期的变态、怪诞、污秽的街头设计转变成为传统服装的创新设计,并不断对结构发起挑战,将传统结构进行夸张和变形后,形成新的服装造型,并在此基础上保留她一贯的反讽手法,并开始研究如何在结构轮廓和细节上破坏常规的字母和几何形体的造型结构,通过分解、解开、重组、折衷的设计手法进行变形,最终呈现出一种新奇、夸张、叛逆、怪诞的外形结构,如领口、袖口、前门襟、下摆、口袋等局部部位,通过颠倒、错位、撕碎、重复、拼贴等手法,设计出与传统形式美法则相悖的作品。这也是韦斯特伍德在设计上独特的设计手法,将个性化与传统不断融合和创新。

4. 解构、折衷阶段

21世纪的作品延续了20世纪90年代后期对结构变形的做法，将关注点集中在解构和折衷的设计元素上，这个时期的作品精美、浪漫、复杂，却又不失自己独特的朋克反叛风格，并极具视觉冲击力，主要体现在立体造型上，旋转、折叠、重复等手法将立体与平面相结合，打破了传统的三维的塑性的设计程序，而是呈现出解构主义的设计程序和方法，将多种局部造型和细节通过折衷消解一个中心、一个主题，形成多个中心，在款式上可呈现不同的造型效果，如"按比例着装"，将袖子的比例拉长，巨大的反驳领将部分覆盖后呈现出优雅的曲线等，在比例上颠覆了传统黄金比例分割特点。这个阶段的解构设计主要集中在领子和袖子部位，通过局部进行结构线的多种变化，如将袖窿弧线和衣身的结构线进行折衷设计，使袖子与衣身结合的同时，形成新的可拆卸部件，可拆卸转化的功能设计给很多设计师指引了思路和设计方向。

第三节 东西方服装设计师解构手法的差异分析与展望

一、东西方服装设计师解构手法的差异

1. 设计思维不同

东西方服装设计师在解构手法上存在着一定的差异，主要是因为东西方文化的不同，西方人追求个性，体现多元化，如英国的街头文化、朋克、哥特等元素，强调反叛、反传统和反常规。而中国的解构主义服装设计师在国际上享有盛誉的较少，也是因为中国内敛的传统文化，中国传统文化强调的是求同，所以在很长的历史时期，中国人穿着的衣服基本相似，在思想上没有西方那么开放和多样，而日本的美学文化强调的是残缺美，日本的几位解构大师又大多受这种文化影响，所以呈现的是破碎、不完整、不稳定的设计思想。对于解构主义服装设计来说，首先应该拓展设计思维，然后再运用解构主义的设计手法在外轮廓造型、细节、色彩和材料上进行解构。

2. 设计手法不同

由于东西方文化的差异，即使都是解构主义服装设计，但在风格和设计手

法上却存在很大差异,东方的服装解构设计师大多采用褶皱、折叠、颠倒、扭转、堆积等手法,不再强调女性的曲线和性感,强调的是文化内涵和个性的表达,甚至将S型曲线反其道而行之,如将背部、腹部等收的部位填充,呈现隆起的状态,颠覆了对传统女人审美的标准,同时又赋予一种全新的审美标准,体现出不取悦于任何人的特立独行的着装风格。而西方解构主义服装设计仍然强调对女性胸、腰、臀的S型曲线的彰显,并通过暴露性特征、临时创作、多功能等手法颠覆人们的传统思想。东方的解构主义服装设计师更倾向于平面,西方的解构主义服装设计师更倾向于立体。通过在服装的比例、设计语言、环境、形式、元素、材料等方面的解构,打破服装一贯的设计模式,忽略服装的秩序感,任何素材都可以成为解构的对象,不断地打破解构思维创意。

二、对未来的展望

随着互联网信息时代的普及,人们的生活习惯和方式都发生着变化,一种多元化、创新、与众不同的生活方式充实着每一个人,服装不再是对身体的一种束缚,而是对精神的解放,将解构主义的设计理念应用到服装设计中,使每一件服装都可以满足人们内心情感的需求,将自己的个性彰显出来。未来我国的解构主义服装将会有以下几种组合形式。

1. 解构主义与民族元素相结合

解构主义已融入服装设计中,成为一种主流的设计理论基础,无论是东方还是西方,解构主义服装设计似乎都承载着民族情感,将各民族本土的传统元素与流行元素相结合,随着解构主义服装受欢迎程度的不断提高,中国设计师也在不断地探索与中国文化密切相关的廓形和元素,不是让品牌强加中国元素,而是在更加符合国际流行趋势的同时,将与生活息息相关的传统元素解构后,重新设计形成新的服装流行趋势,我国与其他国家的地理环境、文化背景、历史传承和地域特色各不相同,设计想在世界产生共鸣,必须从民族特色出发,将潜藏在内心深处的民族情感激发出来。通过解构主义的设计方法和规律,运用我国具有民族特色和传统文化内涵的元素进行,设计出具有本国文化特色的服装,引起人们对传统文化的共鸣。但这并不意味着好的作品就是将传统元素堆砌。民族元素对解构主义服装的发展有着重大的意义,中国的解构主义设计师要不断地挖掘和学习传统文化，吸收传统文化中的精华，用于服装解构主义服装设计中。

2. 解构主义与环保相结合

随着人们对环境保护的关注度越来越高，呼声越来越烈，设计师不断对服装材料的浪费进行反思，一种"低碳环保"开始从我们的生活中蔓延开来，中国是经济发展中的大国，所以走低碳环保的路线是顺应世界的大趋势，将解构主义应用在功能服装设计中，使每一件服装有多种穿着方式和变换功能，增加专业领域的跨度，同时可以延长服装的使用频率及使用范围，在减少能源浪费的同时，又不会感到乏味和无趣，使每一次功能的变换给穿着者带来惊喜，让穿着者参与到服装的设计中来，共同探索服装的内在潜能。这种"一衣多穿"的设计更加适合当下的快速生活节奏，具有较好的发展空间。

3. 解构主义与智能相结合

智能服装是服装领域与信息工程领域共同研究的热点，未来服装的发展趋势是多功能与时尚并存。国外对智能服装的开发研究较早，也相对成熟，我国对智能服装的自主开发相对较少，且技术不够成熟，所以可以开发的潜在价值较大。

智能服装的设计，在多种功能并存的基础上，应考虑面料、技术、造型等各个领域的融合作用，打造出以用户为研究对象的解构设计模式，加强多学科领域的交叉设计，使我国的智能服装在技术上不断提高，在世界智能服装领域占有一席之地。

参考文献

[1] 陈姝霖. 探究解构主义在服装设计中的应用[D]. 大连：大连工业大学，2009（04）：05.

[2] 陈姝霖. 探究解构主义在服装设计中的应用[D]. 大连：大连工业大学，2009（04）：05.

[3] 陈姝霖. 探究解构主义在服装设计中的应用[D]. 大连：大连工业大学，2009（04）：06.

[4] 陈姝霖. 探究解构主义在服装设计中的应用[D]. 大连：大连工业大学，2009（04）：06.

[5] 弗朗索瓦·多斯. 解构主义史[M]. 季文茂译. 北京：金城出版，2012：26.

[6] 陈姝霖. 探究解构主义在服装设计中的应用[D]. 大连：大连工业大学，2009（04）：07.

[7] 何忠. 难解的结——"结构主义"与"解构主义"[J]. 装饰，2003（2）：47.

[8] 陈姝霖. 探究解构主义在服装设计中的应用[D]. 大连：大连工业大学，2009（04）：08.

[9] 金敬红. 解构视角下翻译中的二元对立分析—以Moment in Peking和《京华烟云》为例[D]. 上海：上海外国语大学，2012：5.

[10] 彭修银，李娟. 解构与建构——德里达解构主义理论与徐冰艺术创作策略[J]. 北京：文艺理论研究，2010（3）.

[11] 云红. 论德里达解构主义语言哲学观[J]. 南昌大学学报：人文社会科学版，2010（5）.

[12] 吕明洁. 德里达解构主义理论探析[D]. 吉林：吉林大学，2017（5）：5.

[13] 陈姝霖. 探究解构主义在服装设计中的应用[D]. 大连：大连工业大学，2009（04）：10.

[14] 金敬红. 解构视角下翻译中的二元对立分析——以Moment in Peking和《京华烟云》为例[D]. 上海：上海外国语大学，2012：14.

[15] 陈姝霖. 探究解构主义在服装设计中的应用[D]. 大连：大连工业大学，2009（04）：11.

[16] 陈姝霖. 探究解构主义在服装设计中的应用[D]. 大连：大连工业大学，2009（04）：19.

[17] 陈姝霖. 探究解构主义在服装设计中的应用[D]. 大连：大连工业大学，2009（04）：20.

[18] 陈姝霖. 探究解构主义在服装设计中的应用[D]. 大连：大连工业大学，2009（04）：22.

[19] 陈姝霖. 探究解构主义在服装设计中的应用[D]. 大连：大连工业大学，2009（04）：23.

[20] 胡伟飞. 谈解构主义与解构主义建筑[J]. 西华大学学报：哲学社会科学版，2004（08）：22.

[21] 万书元. 解构主义建筑美学初论[J]. 南京理工大学学报：社会科学版，2002（2）.

[22] 杨义芬. 解构主义与现代景观设计的探讨[D]. 湖南：中南林业科技大学，2006（04）：5.

[23] 杨义芬. 解构主义与现代景观设计的探讨[D]. 湖南：中南林业科技大学，2006（04）：14.

[24] 陈世圣. 拉维莱特公园的"解构主义"设计理念初探[J]. 西安建筑科技大学学报：社会科学版，2012（8）.

[25] 陈姝霖. 探究解构主义在服装设计中的应用[D]. 大连：大连工业大学，2009（04）：25.

[26] 胡赛强. 解构主义与景观设计[J]. 山西建筑，2007，33（9）：

65-66.

[27] 龙赟. 解构主义与景观艺术[J]. 山西建筑, 2004 (8).

[28] 胡伟飞. 谈解构主义与解构主义建筑[J]. 西华大学学报：哲学社会科学版, 2004 (08): 14.

[29] 陈姝霖. 探究解构主义在服装设计中的应用[D]. 大连：大连工业大学, 2009 (04): 27.

[30] 肖立志. 女装造型设计元素的延续性研究[J]. 装饰, 2013 (1).

[31] 陈莹. 创意服装设计[M]. 北京：北京大学出版社, 2012: 17.

[32] 刘瑞璞, 刘维和. 女装纸样设计原理与技巧[M]. 北京：中国纺织出版社, 2004: 221.

[33] 陈姝霖. 探究解构主义在服装设计中的应用[D]. 大连：大连工业大学, 2009 (04): 30.

[34] 陈姝霖. 探究解构主义在服装设计中的应用[D]. 大连：大连工业大学, 2009 (04): 31.

[35] 曹莉. 试谈当代服饰文化的几个特征[J]. 内蒙古艺术, 2004, 39 (2): 234-235.

[36] 于秀欣. 论仿生设计的原创性方法在现代创新设计中的应用[J]. 艺术百家, 2006 (2): 93-95.

[37] 于晓红. 仿生设计学研究. [D]. 吉林：吉林大学, 2004.

[38] 李亮之. 色彩设计[M]. 北京：高等教育出版社, 2006: 3-5, 54-60, 77-102.

[39] 王晓昕. 仿生色彩设计[J]. 大众文艺, 2013 (04): 112.

[40] 陈姝霖. 探究解构主义在服装设计中的应用[D]. 大连：大连工业大学, 2009 (04): 35.

[41] 陈姝霖. 探究解构主义在服装设计中的应用[D]. 大连：大连工业大学, 2009 (04): 36.

[42] 陈姝霖. 探究解构主义在服装设计中的应用[D]. 大连：大连工业大学, 2009 (04): 37.

[43] 吴怡霏. 拼布艺术在解构主义服装中的运用研究 [D]. 广东：广东工业大学，2017（06）：25.

[44] 吴怡霏. 拼布艺术在解构主义服装中的运用研究 [D]. 广东：广东工业大学，2017（06）：33.

[45] 吴怡霏. 拼布艺术在解构主义服装中的运用研究 [D]. 广东：广东工业大学，2017（06）：34.

[46] 邬烈炎. 解构主义设计 [M]. 江苏：江苏美术出版社，2001.

[47] 度本图书（Dopress Books）. 古典形式美·豪宅设计 [M]. 江苏：江苏科学技术出版社，2013（9）.

[48] 刘晓刚. 基础服装设计 [M]. 上海：东华大学出版社，2010：30-35.

[49] 焦金雷. 夸张的分类研究 [J]. 许昌学院学报，2005（4）：33.

[50] 邱骏颖. 夸张造型手法在X形女装设计中的应用研究 [D]. 武汉：武汉纺织大学，2016：07.

[51] 邱骏颖. 夸张造型手法在X形女装设计中的应用研究 [D]. 武汉：武汉纺织大学，2016：25.

[52] 支田田. 服装造型轮廓的流行性分析与探索 [D]. 天津：天津科技大学，2011：11.

[53] 刘成霞，鲁沛. 服装款式解构设计的基本方法 [J]. 纺织学报，2011（11）：96.

[54] 陈姝霖. 解构主义在多功能服装设计中的方法应用 [J]. 纺织导报，2016（03）.

[55] 刘成霞，鲁沛. 服装款式解构设计的基本方法 [J]. 纺织学报，2011（11）：99.

[56] 陈姝霖. 解构主义在多功能服装设计中的方法应用 [J]. 纺织导报，2016（03）：72.

[57] 陈姝霖. 解构主义在多功能服装设计中的方法应用 [J]. 纺织导报，2016（03）：72.

[58] 陈姝霖. 解构主义在多功能服装设计中的方法应用 [J]. 纺织导

报，2016（03）：73.

[59] 吴琼. 交互设计的域与界[J]. 装饰，2010（1）：34-37.

[60] 王受之. 世界时装史计[M]. 中国青年出版社，2002（9）：177.

[61] 克里斯汀·诺克斯. 亚历山大·麦昆——鬼才时尚教父作品珍藏[M]. 蔡建梅译. 北京：中国纺织出版社，2012.

[62] Andrew Bolton, Tim Blanks, Susannah Frankel. Alexander McQueen: Savage Beauty Abrams[M]. New York: The Metropolitan Museum of Art, 2011: 167.

[63] Andrew Bolton, Tim Blanks, Susannah Frankel, Alexander McQueen: Savage Beauty Abrams[M]. The Metropolitan Museum of Art, New York, 2011: 184.

[64] 李橙. 亚历山大·麦昆的设计研究[D]. 江苏：苏州大学，2014（5）.

[65] 包铭新，曹喆. 国外后现代服饰[M]. 江苏：江苏美术出版社，2011：48.

[66] 包铭新，曹喆. 国外后现代服饰[M]. 江苏：江苏美术出版社，2011：77.

[67] 克莱尔·威尔科克斯. 世界顶级时尚大师作品典藏：维维安·维斯特伍德[M]. 谢冬梅，方茜，谢翌暄，译. 上海：上海人民美术出版社，2005：17.

[68] 向开瑛. 叛逆与挪用——维维安·韦斯特伍德早期时装的文化解析[J]. 装饰，2012（230）.

[69] 李艺. 维维安·韦斯特伍德服装结构后现代解读[J]. 设计艺术研究，2014（08）：54.